메카트로닉스 기초실습

강 기 호 저

Basic practical training of mechatronics

홍릉과학출판사

머리말

Practice of Baisic Mechatronics

본 교재는 메카트로닉스 공학에 필수적인 전기 / 전자 회로 지식을 본격적으로 공부하기에 앞서, 이 분야의 심성(mind)과 엔지니어 문화(culture)를 배양하고자 하는 목적으로 1학년을 위한 실습/설계 과목으로 만들어졌다. 내용은 세 부분으로 구성되어 있다.

제I부에서는 전기/전자 회로를 이해하고 다루는데 필요한 계측기, 브레드보드, 디지털 미터, 함수발생기, 오실로스코프 등의 기기를 이해하고 다루는 능력을 배양할 뿐 아니라 가장 기초적인 회로지식(KCL, KVL, 중첩 원리, Thevenin 정리 등)과 전기/전자 소자에 대한 이론과 실무적인 지식을, 주로 저항 회로와 1차 전기 회로인 R-C 회로를 중심으로 실습을 통해 수강생 스스로 느끼면서 배우도록 1인 1조 실습을 돕기 위한 자료로 구성되어 있다.

제II부에서는 제I부에서 습득한 지식을 기초로 2인 1조로 가장 간단한 6족 로봇("Stiquito")을 처음부터 끝까지 제공된 문헌을 따라 설계 및 제작을 하기 위한 자료들로 이루어져 있다. 2부의 내용은 "Stiquito for beginners-An introduction to Robotics", James M. Conrad & Jonathan W. Mills, IEEE-Computer Society Press, 1999 중 본 실습에 필요한 4장에서 8장까지 중 필요한 부분을 발췌/편집하여 정리한 참고문헌이다. 스티키토에 대한 기초 지식과 설계/제작 과정을 순서대로 정리하였다. 실제 스티키토 제작을 위한 II부 실습 시간에는 본 교재의 II부의 내용을 충실히 숙독 이해할 뿐 아니라 동시에 담당 조교의 지시에 주의 깊게 따라 조별 작업을 차질 없이 진행하여야 할 것이다. II부에서의 학습과 경험을 기초로 제 III부에서는 4인 1조로 각 팀별로 보다 고급의 로봇을 기말과제로 제작한다.

본 교재가 모든 메카트로닉스 공학도에게 메카트로닉스라는 학문이 흥미롭고도 깊이가 있는 학문임을 느끼는 계기가 되어 이 분야에 정말 도전해 봐야겠다고 결심하는 촉매제로 쓰임 받기를 희망한다.

2011년 3월 15일

강기호

차 례

Practice of Baisic Mechatronics

제 I 부 전기/전자 회로 기초실습 ······ 1

01. 직류 전원공급기(DC Power Supply)와 멀티미터 ······ 3

가. 실험을 위한 기본 지식 #1 – self readings ······ 3

지식 1. 저항 및 커패시터의 판독 ······ 3

1) 저항(Resistor) ······ 3

2) 커패시터(Capacitor) ······ 5

지식 2. 전원공급기(Power Supply)의 이해 ······ 7

1) 전원공급기의 전면 ······ 7

2) 독립 및 직-병렬 접속 ······ 7

3) 출력단 ······ 8

지식 3. 디지털 멀티미터(Digital Multimeter : DMM)의 이해 ······ 9

1) 디지털 멀티미터의 전면 ······ 9

2) 전압-전류 측정 선택 부분 ······ 9

3) 디지털 멀티미터의 조종부 ······ 9

나. 실험 #1 : 직류 전원공급기(DC Power Supply)와 멀티미터 ······ 10

1) 실험목적 ······ 10

2) 실험장비 및 재료 ······ 10

3) 실험순서 ······ 10

4) 실험결과 ······ 11

5) 검토 및 고찰 ······ 11

02. 오실로스코프와 함수발생기(Function Generator) ······ 12

가. 실험을 위한 기본 지식 #2 - self readings ······ 12

지식 1. 오실로스코프(Oscilloscope)의 이해 ······ 12

1) 오실로스코프 전면 ······ 12

2) 오실로스코프 조정부 ······ 13

지식 2. 함수발생기의 이해 ······ 22

1) 함수발생기의 전면 ······ 22

2) 함수발생기 조정부 ······ 22

나. 실험 #2 : 오실로스코프와 함수발생기(Function Generator) ······ 23

1) 실험목적 ······ 23

2) 실험장비 및 재료 ······ 23

3) 실험순서 ······ 23

4) 실험결과 ······ 24

5) 검토 및 고찰 ······ 24

03. 저항 측정 ······ 25

가. 실험을 위한 기본 지식 #3 - self readings ······ 25

지식 1. 빵판(Bread Board) 및 연결선의 이해 ······ 25

1) 빵판의 구조 ······ 25

2) 각종 연결 선 ······ 26

지식 2. (복습 요약) 저항 판독법 ······ 27

1) 저항(Resistor) ······ 27

나. 실험 #3 : 저항 측정 ······ 29

1) 실험목적 ······ 29

2) 실험장비 및 재료 ······ 29

3) 실험순서 ······ 29

4) 실험결과 ······ 30

04. 저항의 직/병렬 회로 ········· 32

가. 실험을 위한 기본 지식 #4 – self readings ········· 32

지식 1. Ohm의 법칙 – 저항소자의 법칙 ········· 32

지식 2. 키르히호프 전류/전압법칙(KCL/KVL) ········· 34

1) Kirchhoff법칙 용어 ········· 34

2) KCL(Kirchhoff Current Law) ········· 34

3) KVL(Kirchhoff Voltage Law) ········· 35

나. 실험 #4 : 저항의 직/병렬 회로 ········· 36

1) 실험목적 : 저항 직/병렬 회로의 이해 ········· 36

2) 실험장비 및 재료 ········· 36

3) 실험순서 ········· 36

4) 실험결과 ········· 37

5) 검토 및 고찰 ········· 38

05. 테브낭(Thevenin) 정리 실험 ········· 39

가. 실험을 위한 기본 지식 #5 – self readings ········· 39

지식 1. 테브낭 정리(Thevenin theorem) ········· 39

지식 2. 노턴 정리(Norton theorem) ········· 41

나. 실험 #5 : 테브낭 정리 실험 ········· 43

1) 실험목적 : 테브낭의 정리를 실험을 통해 검증해본다. ········· 43

2) 실험장비 및 재료 ········· 43

3) 실험순서 ········· 43

06. R–C 회로 실험 ········· 48

가. 실험을 위한 기본 지식 #6 – self readings ········· 48

지식 1. 커패시터(Capacitor) ········· 48

지식 2. R–C 1차 회로(RC 1st order differential equation circuit) ········· 50

나. 실험 #6 : R-C 회로 실험 ······ 52
1) 실험목적 ······ 52
2) 실험장비 및 재료 ······ 52
3) 실험순서 ······ 52
4) 실험결과 ······ 55
5) 검토 및 고찰 ······ 55

07. 중첩의 원리 ······ 56

가. 실험을 위한 기본 지식 #7 - self readings ······ 56
지식1. 중첩의 원리(Superposition Theorem) ······ 56

나. 실험 #7 : 가변저항기 및 중첩의 원리 실험 ······ 59
1) 실험목적 ······ 59
2) 실험장비 및 재료 ······ 59
3) 실험순서 ······ 59

제Ⅱ부 6족 로봇 "Stiquito" 설계/제작 ······ 69

08. 니티놀 기초 ······ 71

가. 기초 지식 ······ 71
1) 머리말 ······ 71
2) 니티놀과 프렉시놀(Flexinol™) 작동자(actuator) 와이어 ······ 73
3) 전기부하에 대한 가이드라인 ······ 75
4) 순환 주기 시간 ······ 75
5) 그 외 세부사항 ······ 77
6) 프렉시놀을 이용한 실험 ······ 78

나. 기초 실험들 ······ 80
1) 실험 1 : 사중량(Dead weight) 끌어올리기 ······ 80
2) 실험 2 : 지렛대 사용하기 ······ 81
3) 실험 3 : 겹판 스프링(Leaf spring) 사용하기 ······ 83

4) 응용 ········ 84
5) 연습문제 ········ 85
6) 참고문헌 ········ 86

09. 스티키토("Stiquito") 몸체부 제작 ········ 87

1) 머리말 ········ 87
2) 스티키토 만들 준비 ········ 88
3) 재료 목록 ········ 89
4) 도구 목록 ········ 89
5) 필요한 기술 ········ 90
6) 스티키토 만들기 ········ 94
7) 스티키토 걷게 하기 ········ 117
8) 연습문제 ········ 119
9) 참고문헌 ········ 120

10. 스티키토 로봇을 위한 수동식 제어기 제작 ········ 121

1) 머리말 ········ 121
2) 수동제어기 만들기 ········ 121
3) 스티키토와 제어기 사이에 줄 연결하기 ········ 128
4) 문제해결 ········ 129
5) 다른 제어기들 ········ 132
6) 연습문제 ········ 133
7) 참고문헌 ········ 133

11. 스티키토 로봇용 PC-기반제어기 제작 ········ 134

1) 개관 -회로가 하는 일 ········ 134
2) 필요한 도구와 규칙 ········ 136
3) 주의사항 ········ 136
4) 부품 확인하기 ········ 137
5) 납땜 기술(Soldering technique) ········ 138
6) 인쇄 회로기판(PCB : Printed Circuit Board) 만들기 ········ 139
7) 병렬포트 회로기판에 스티키토 연결하기 ········ 144
8) 개인용 컴퓨터 병렬포트 ········ 147
9) 스티키토 보행 프로그램 작성하기 ········ 148

10) 제어 신호를 펄스화함으로써 전기 절약하기 ………… 151
11) 연습문제 ………… 153
12) 참고문헌 ………… 153

12. 스티키토 독립보행을 위한 간단한 회로 구현 ………… 154
1) 개관 -회로가 하는 일 ………… 154
2) 555 타이머 회로 ………… 155
3) 추가되는 도구와 규칙들 ………… 157
4) 부품 확인하기 ………… 158
5) 납땜 기술 ………… 159
6) 회로기판 만들기 ………… 161
7) 회로기판 시험하기 ………… 165
8) 회로의 변형 ………… 167
9) 연습문제 ………… 169
10) 참고문헌 ………… 169

제Ⅲ부 부 록 ………… 171

부록 A. 제어 회로의 만능기판 상의 결선도 ………… 173

부록 B. 제어 회로의 부품 리스트 예 ………… 174

찾아보기 ………… 175

제 I 부

전기/전자 회로 기초실습

Practice of Baisic Mechatronics

01
직류 전원공급기(DC Power Supply)와 멀티미터

가. 실험을 위한 기본 지식 #1 - self readings

지식 1. 저항 및 커패시터의 판독

1) 저항(Resistor)

(1) **고정저항 식별법**

표 1-1 저항 읽는 법

4색인 경우	제 1색 띠	제 2색 띠	제 3색 띠	제 4색 띠
	첫 번째 수	두 번째 수	승수(지수)	오차(%)
5색인 경우	제 1색 띠	제 2,3색 띠	제 4색 띠	제 5색 띠
	첫 번째 수	둘, 셋째 수	승수(지수)	오차(%)
흑(검정)	0	0	10^0	–
갈(밤색)	1	1	10^1	±1%
빨(빨강)	2	2	10^2	±2%
주(주황) = 등	3	3	10^3	±3%
노(노랑) = 황	4	4	10^4	±4%
초(녹색) = 녹	5	5	10^5	±0.5%
파(파랑) = 청	6	6	10^6	–
보(보라) = 자	7	7	10^7	–
회(회색)	8	8	10^8	–
백(흰색)	9	9	10^9	–
금(금색)	–	–	10^{-1}(=0.1)	±5%
은(은색)	–	–	10^{-2}(=0.01	±10%
무(색이 없음)	–	–	–	±20%

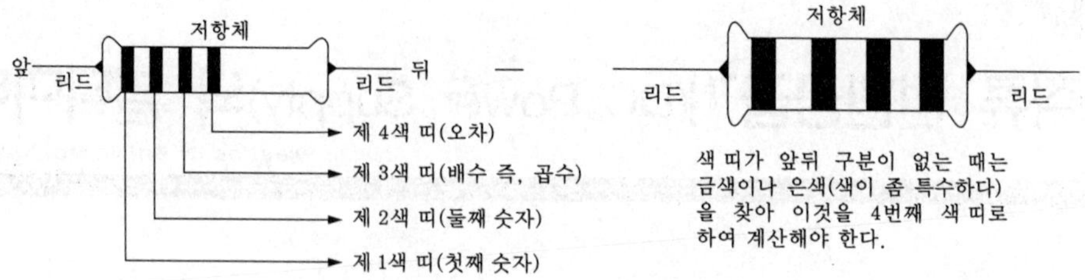

그림 1-1 4색 띠 저항체 식별법

- 오차를 나타내는 색띠는 보통 색 띠 사이의 간격이 큼.

(2) **종류**

① 고정저항 : 위의 컬러코드를 나타내는 그림의 저항과 같음.

② 반고정저항

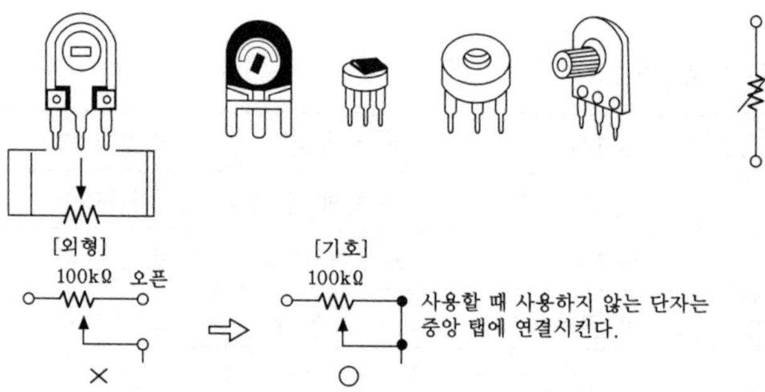

그림 1-2 반고정저항 외형 및 기호 표현

③ 가변저항

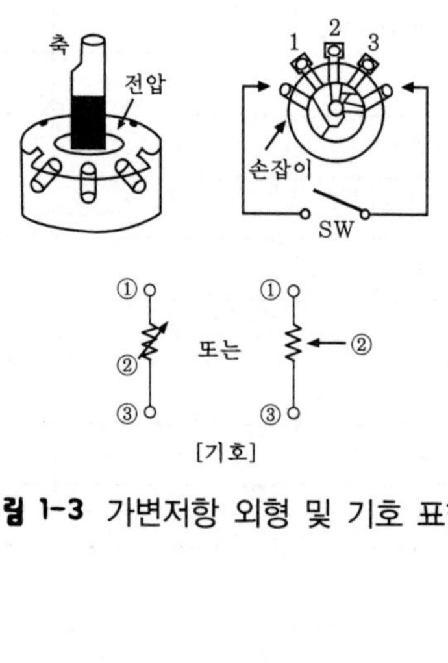

그림 1-3 가변저항 외형 및 기호 표현

2) 커패시터(Capacitor)

(1) 판독법

- 일반적인 커패시터 판독법은 다음과 같다.

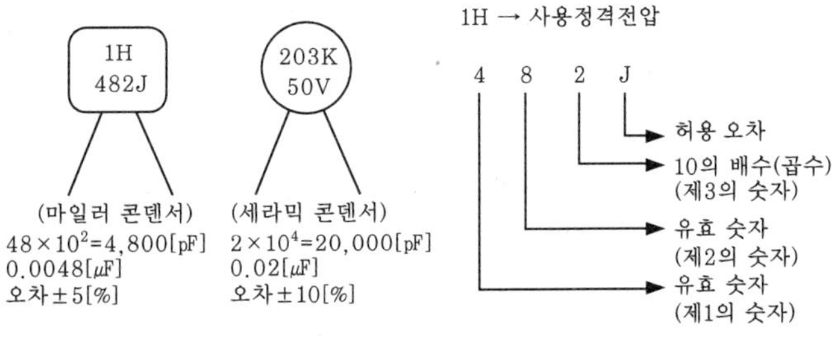

그림 1-4 커패시터 판독법

(2) 종류

① 전해 콘덴서

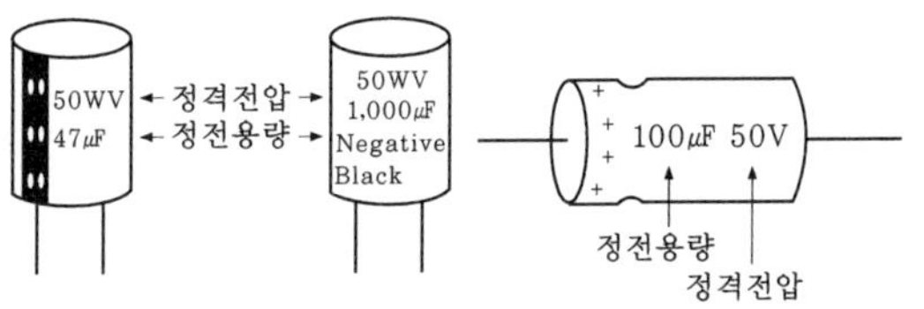

※ 전해 콘덴서에 (−) 표시 띠가 없을 때에는 정격 선입 및 용량 표시 부분에 가까이 있는 단자가 (−)극이라고 생각하면 된다.

그림 1-5 전해 콘덴서

② 세라믹 커패시터

③ 마일러 커패시터

④ 탄탈 커패시터 등.

(3) 여러 가지 커패시터의 읽기

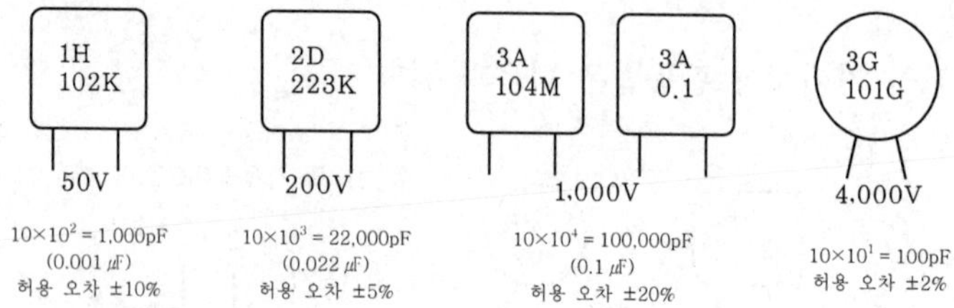

그림 1-6 여러 가지 커패시터와 용량

지식 2. 전원공급기(Power Supply)의 이해

1) 전원공급기의 전면

그림 1-7 전원공급기

2) 독립 및 직-병렬 접속

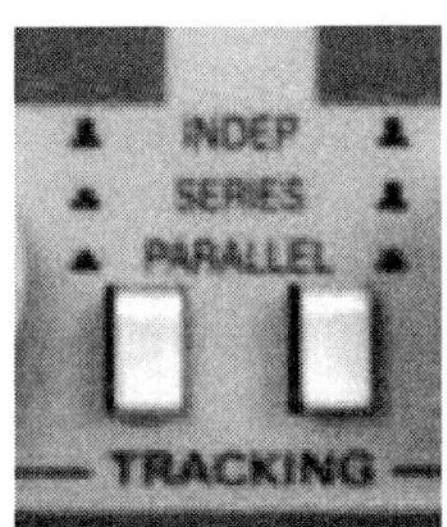

그림 1-8 전원공급기의 TRACKING 단추 상세부

- INDEP : 좌측 슬레이브 부분과 우측 마스터 부분의 개별 동작
- SERIES : 좌측 슬레이브 부분과 우측 마스터 부분의 직렬 접속
- PARALLEL : 좌측 슬레이브 부분과 우측 마스터 부분의 병렬 접속

3) 출력단

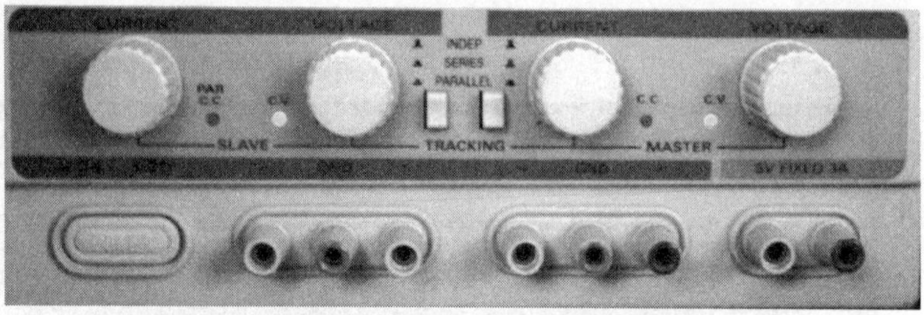

그림 1-9 전원공급기의 출력단자

지식 3. 디지털 멀티미터(Digital Multimeter : DMM)의 이해

1) 디지털 멀티미터의 전면

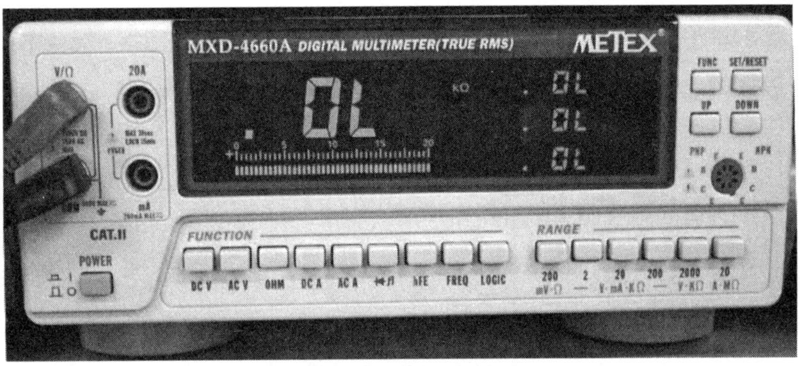

그림 1-10 디지털 멀티미터

2) 전압-전류 측정 선택 부분

그림 1-11 디지털 멀티미터의 전압-전류 측정 선택단자

3) 디지털 멀티미터의 조종부

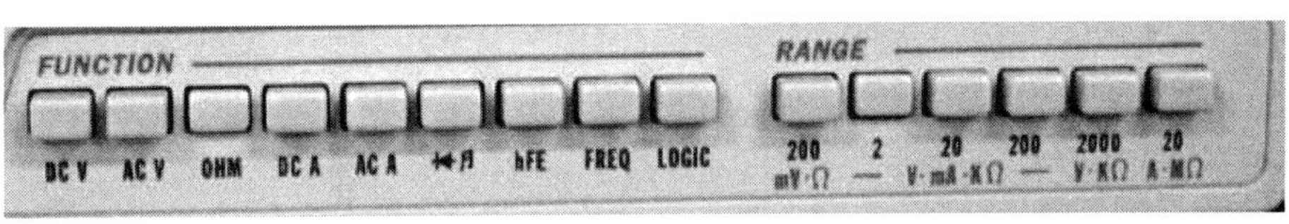

그림 1-12 디지털 멀티미터의 조종부

나. 실험 #1 : 직류 전원공급기(DC Power Supply)와 멀티미터

1) 실험목적

(1) 직류 전원공급기의 사용법 이해

(2) 멀티미터의 사용법 이해

2) 실험장비 및 재료

(1) 직류 전원공급 장치(UP-100DT)

(2) 디지털 멀티미터(MXD-4660A)

(3) 저항 : 100Ω(2W), 180Ω(2W), 200Ω(2W), 600Ω(2W), 1kΩ(1/4W), 4.7kΩ(1/4W), 10kΩ(1/4W), 100kΩ(1/4W), 220kΩ(1/4W) 각 1개

3) 실험순서

(1) 아날로그 및 디지털 멀티미터를 사용하여 각 저항의 저항값을 측정하여 표 1-2에 기록하라.

(2) 그림 1-13과 같은 회로를 구성하라. R_1은 100Ω으로 고정고 R_2를 변화시킬 때 R_1과 R_2 양단의 전압값 V_1, V_2를 측정하여 표 1-3에 기록하라.

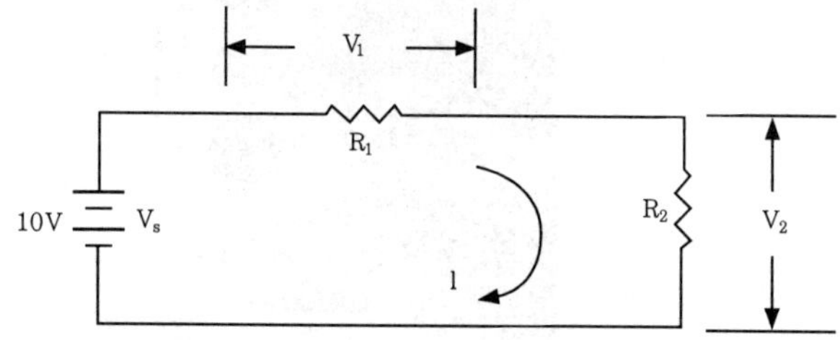

그림 1-13 기본 직렬 회로

(3) 그림 1-13의 회로에서 R_2값에 따른 회로의 전류값을 멀티미터로 측정하여 표 1-4에 기록하라.

4) 실험결과

(1) 실험순서 (1)의 결과

표 1-2 실험 (1)의 결과

측정	100Ω	180Ω	600Ω	4.7kΩ	100kΩ	220Ω
1차						
2차						
3차						
4차						
5차						
평균치						

(2) 실험순서 (2)의 결과

표 1-3 실험 (2)의 결과

R_2 / 전압[V]	100Ω	200Ω	600Ω	1kΩ	10kΩ
V_1					
V_2					

(3) 실험순서 (3)의 결과

표 1-4 실험 (3)의 결과

R_2 / 전류[mA]	100Ω	200Ω	600Ω	1kΩ	10kΩ
1차 측정					
2차 측정					
3차 측정					
4차 측정					
5차 측정					
평균치					

5) 검토 및 고찰

(1) 실험에서 나타난 실험치와 이론치를 비교하여 그 차이를 설명하라.

02

오실로스코프와 함수발생기(Function Generator)

Practice of Baisic Mechatronics

가. 실험을 위한 기본 지식 #2 - self readings

지식 1. 오실로스코프(Oscilloscope)의 이해

1) 오실로스코프 전면

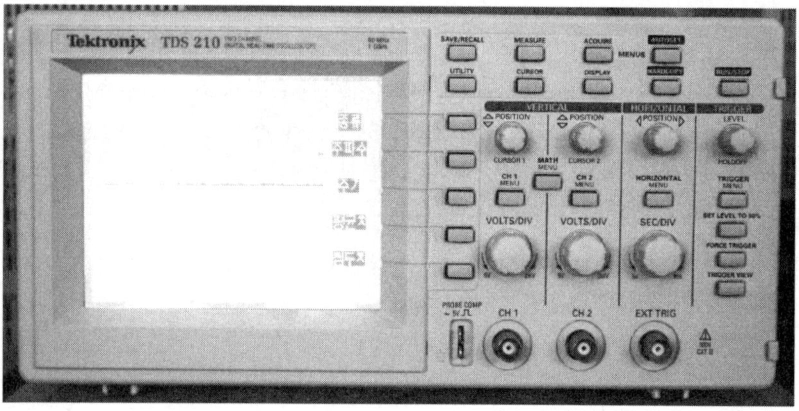

그림 2-1 오실로스코프

2) 오실로스코프 조정부

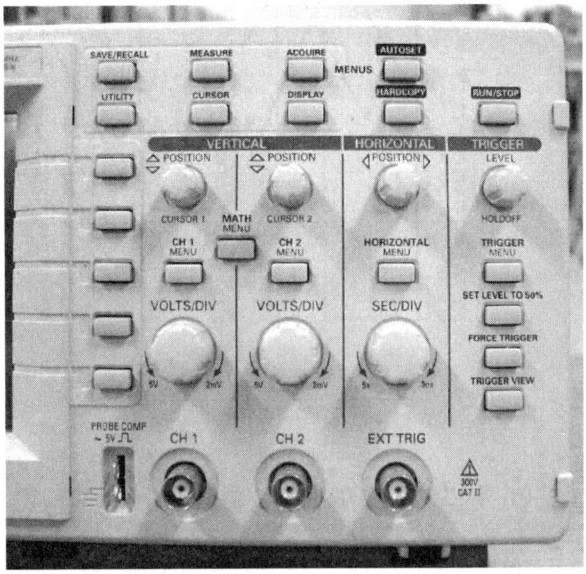

그림 2-2 오실로스코프 조정부

- 시간차와 위상차 측정(TIME/DIV : 2[ms])

① 주기(T)

$$T = 7.2 \times 2 \times 10^{-3} = 14.2 \times 10^{-3} = 14.2\ \text{ms}$$

② 주파수(f)

$$f = \frac{1}{14 \times 10^{-3}} = 70.4\ \text{Hz}$$

③ 시간차(Δt)

$$\Delta t = 1.2 \times 2 \times 10^{3} = 2.4 \times 10^{-3} = 2.4\ \text{ms}$$

④ 위상차($\Delta\theta$)

$$\Delta\theta = \frac{\Delta t}{T} \times 2\pi = \frac{2.4 \times 10^{-3}}{14.4 \times 10^{-3}} \times 2\pi = \frac{1}{3}\pi\ \text{rad (radian)}$$

$$= \frac{\Delta t}{T} \times 360 = \frac{2.4 \times 10^{-3}}{14.4 \times 10^{-3}} \times 360 = 60^{\circ}\ \text{또는 deg (degree)}$$

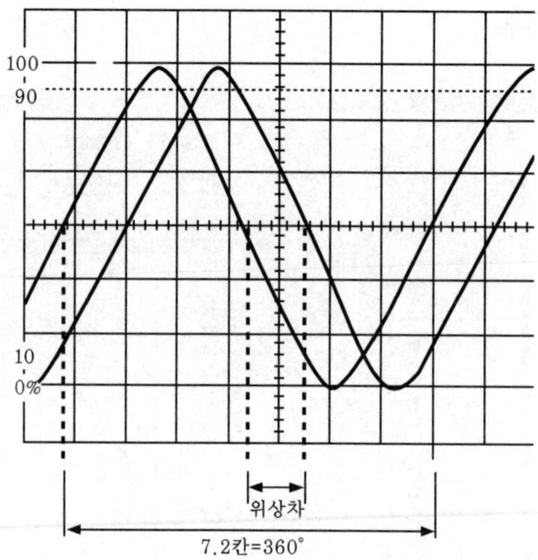

• XY 기능을 이용한 측정(VOLTS/DIV : 0.2V)

$$\text{위상차}\ (\phi) = \sin^{-1}\left(\frac{A}{B}\right) = \sin^{-1}\left(\frac{0.4V}{1.2V}\right) = 0.3398\ \text{rad}$$

$$\Rightarrow \frac{0.3398}{2\pi} \times 360 = \frac{0.3398}{\pi} \times 180 = 19.47\ \text{deg}$$

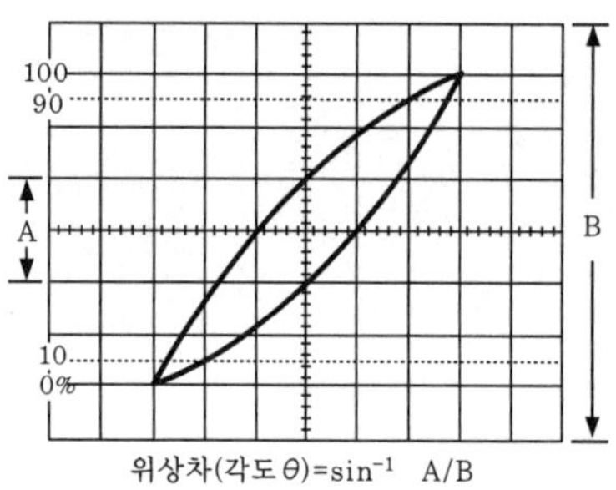

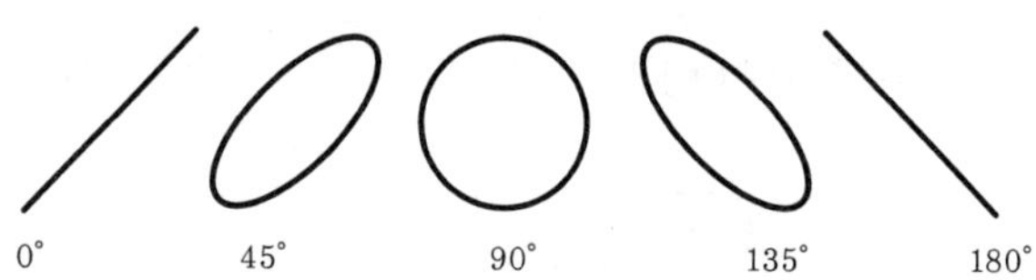

[참고문헌 : 사용설명서(Oscilloscope 모델 TDS200의 예)]

▸ 프로브 보상 절차

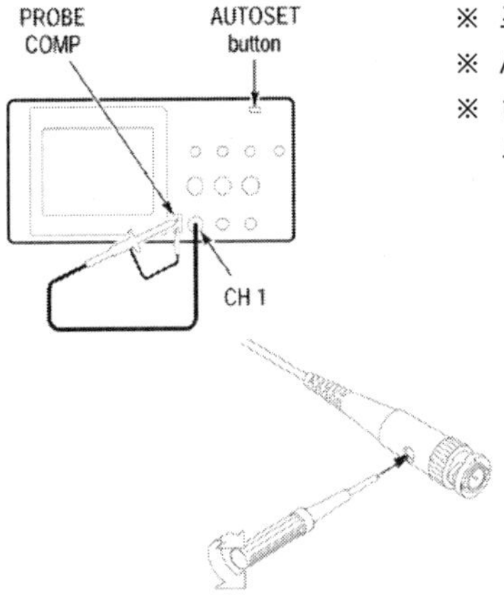

※ 프로브 보상 단자에 프로브를 연결한다.
※ AUTOSET 버튼을 누른다.
※ 하단 좌측과 같이 드라이버를 이용하여 하단 우측의 맨 아래와 같이 보정한다.

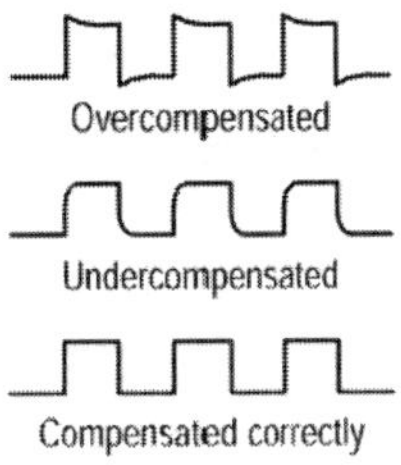

▸ 트리거란?

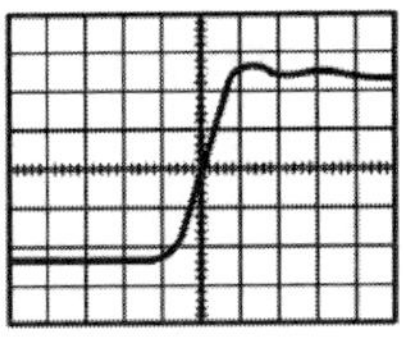

트리거가 됨

※ 트리거가 알맞게 되면 파형이 화면상에서 사라지거나 불안정한 상태가 안정적으로 화면상에 디스플레이된다.

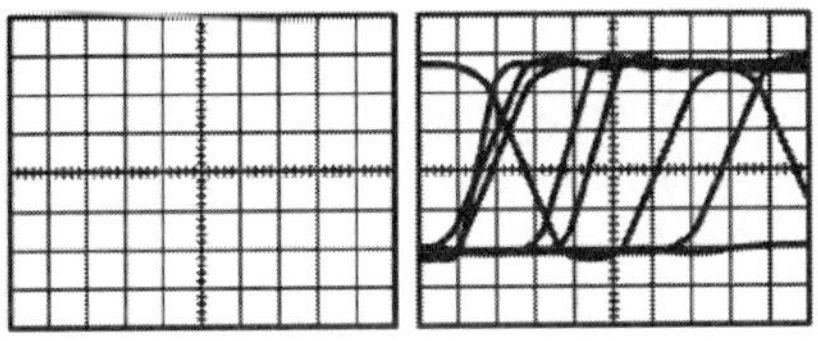

트리거가 안 됨

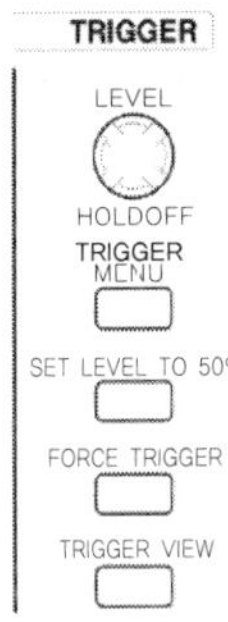

► 트리거 모드

※ Auto, Normal, Single

- Auto - 트리거 조건에 맞는 신호가 입력될 때는 조건에 맞게 트리거하고 맞지 않는 경우 트리거 시스템은 강제적으로 트리거 하여 디스플레이를 멈추지 않는다.
- Normal - 트리거 조건에 맞는 신호가 입력될 때만 조건에 맞게 트리거하고 맞지 않을 경우 디스플레이를 멈추고 조건에 맞는 신호가 들어올 때까지 기다린다.
- Single - 트리거 조건에 맞는 첫 번째 신호에 대해서 트리거하고 멈춘다. 다시 활성화하려면 RUN 버튼을 누른다.

► 트리거 소스

※ 모든 채널, AC 입력, 외부 입력

- AC 입력 - 전원공급기 등의 파워와 관련 있는 측정 시 정격전원을 트리거 원으로 사용할 수 있다.
- 외부 입력 - 측정 회로나 디바이스의 신호를 트리거 원으로 사용하고자 할 경우에 사용한다.

EXT: −1.6V ~ +1.6V
EXT/5: −8V ~ +8V

▸ 트리거 종류

※ 에지, 비디오

- 에지 – 특정 방향에서 특정의 전압 레벨을 지나는 신호에서 트리거
- 비디오 – 표준 비디오 신호의 필드 또는 라인에서 트리거

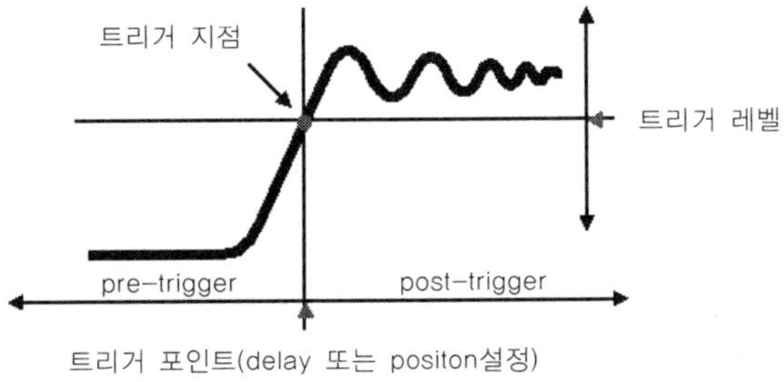

트리거 설정 조건

- 종류 : 에지
- Slope : 상승
- 극성 : Positive
- 트리거 레벨 : ? V
- Delay : ? sec

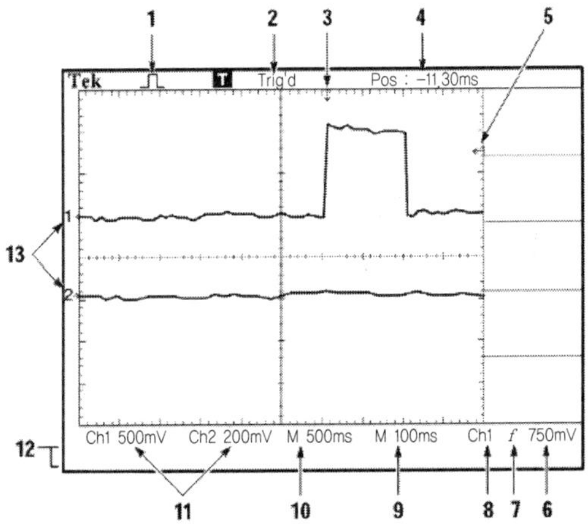

1. Acquisition 모드, Normal/Peak Detect/ Average
2. 트리거 상태 표시
3. 트리거 Position
4. 트리거 Position 위치, 가운데를 기준으로 표시
5. 트리거 레벨
6. 트리거 레벨값, Ground 레벨을 기준으로 표시
7. 트리거 타임, 상승/하강/비디오 등을 표시
8. 트리거 소스 표시
9. 타임베이스 윈도 사용 시 값 표시
10. 타임베이스 설정 값
11. 채널에 대한 수직축 감도 표시
12. 온라인 메시지 표시
13. 디스플레이 되고 있는 파형의 Ground 표시

► 수직축(채널) 설정

설정 키 보기

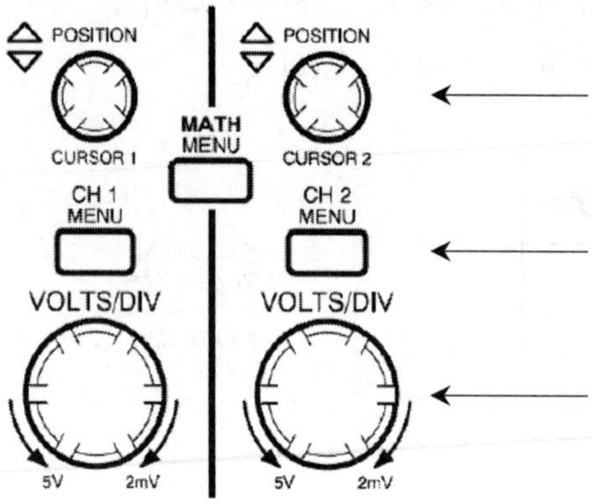

수직축의 오프셋 값을 설정하거나 커서 측정 시 커서의 위치를 변화시킴

채널에 대한 메뉴 설정

수직축 Volt/Div 노브, 수직축의 감도를 조절하여 관측하기 좋은 상태로 맞춘다.

수직축 position 키

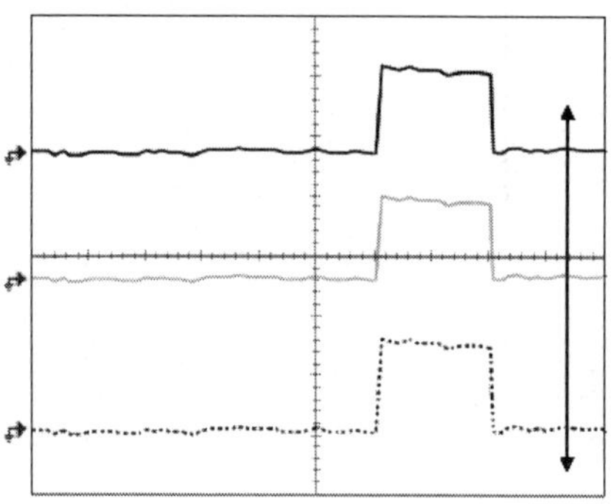

스코프의 포지션 노브를 돌려 파형을 관측하기 좋은 위치에 놓는다.

▸ 커플링 설정

1KHz, AC 1Vpp+ DC 3V, 1 V/Div

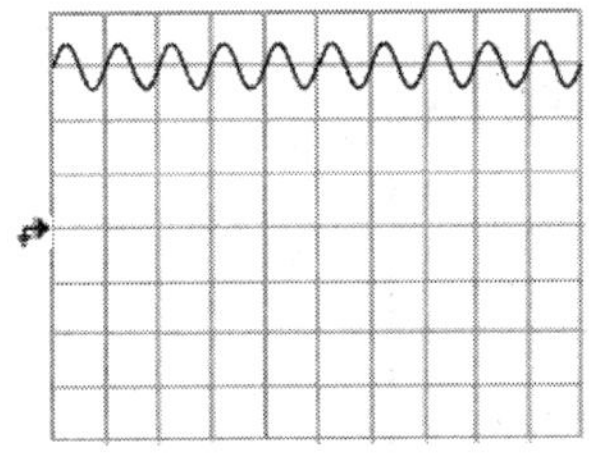

※ DC 커플링

DC 커플링은 DC 성분과 AC 성분 모두를 분석하는 데 사용

AC + DC

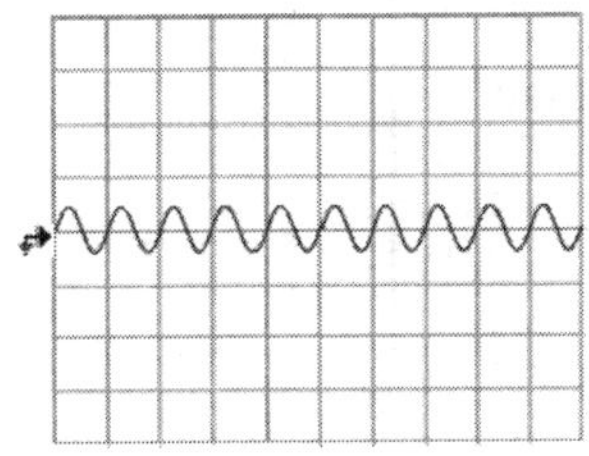

※ AC 커플링

AC 커플링은 입력 신호에 직렬로 3.5Hz 고역통과필터를 사용하여 파형으로부터 DC 오프셋 전압을 제거한다.

AC + DC

▸ 스캔 모드(롤 모드)

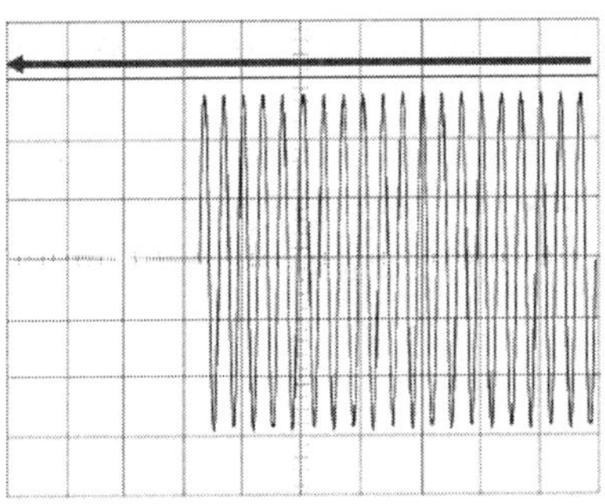

※ 타임베이스가 100ms/div 이상의 상황에서 스캔 모드를 활성화 하였을 경우 디스플레이상의 우측에서 좌측으로 천천히 흘러가는 듯한 모양을 갖는 것을 말한다.

※ 이 기능은 아주 느린 신호를 레코더와 같은 형태로 관측하고자 할 경우 유용하게 사용된다.

► 시간 축 설정

키 설정

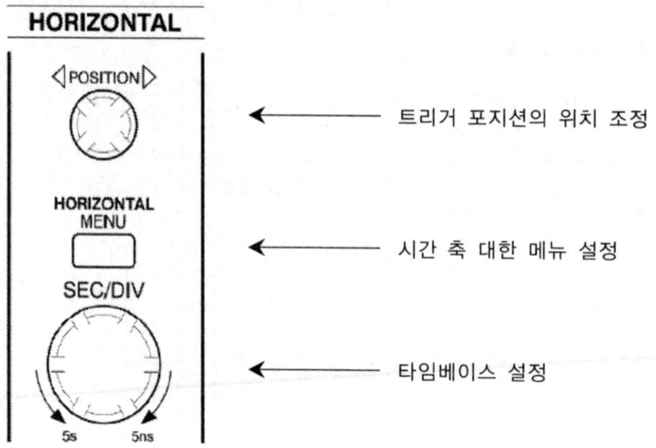

► Acquisition Mode

※ Sample, Peak Detect, Average

- Sample - 이 모드에서는 입력 신호를 샘플링하여 화면에 바로 표시하여 주는 방식으로 아날로그 신호를 정확하게 보여준다.
- Peak Detect - Sample Mode에서 샘플 간 놓칠 수 있는 짧은 폭의 글리치 성분들을 표현하여 준다. 펄스 형태로 폭과 시간 값으로만 표현된다.
- Average - 여러 개의 파형을 평균하여 표현한다.

► Acquisition Mode - Peak Detect, Average 모드

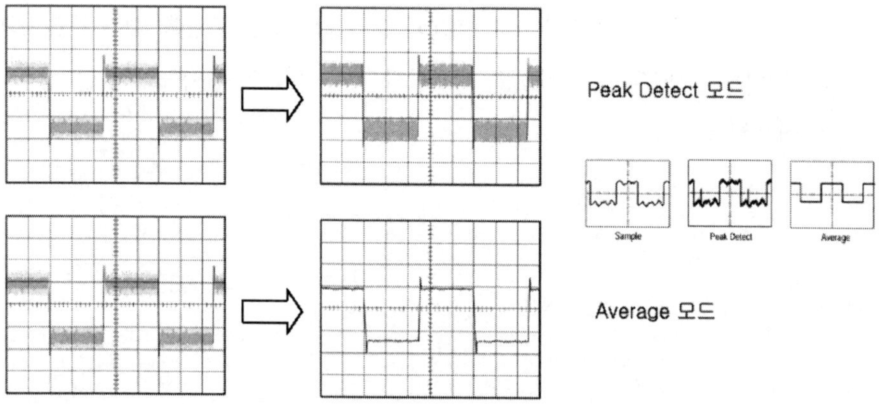

▸ 윈도 설정

※ 복잡한 파형에서 원하는 지점을 확대하여 관측하고자 할 경우에 사용한다.

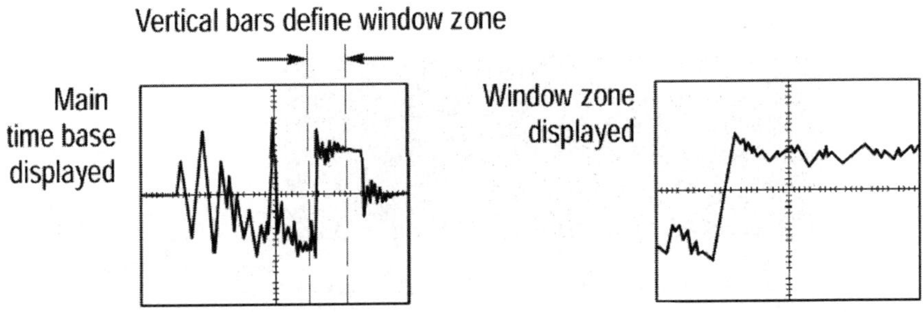

지식 2. 함수발생기의 이해

1) 함수발생기의 전면

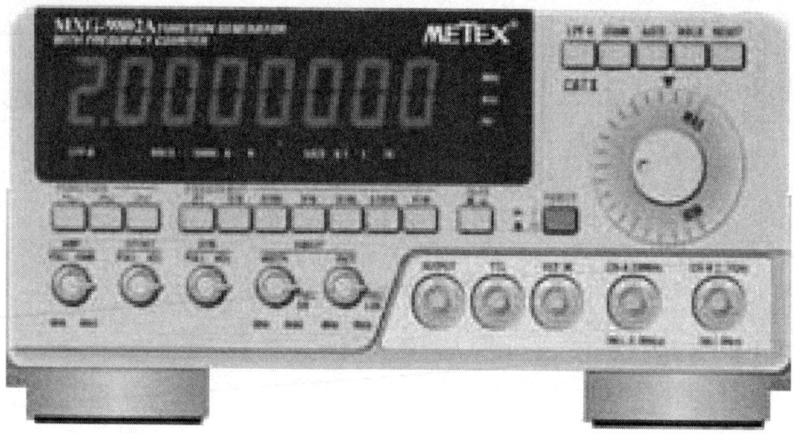

그림 2-3 함수발생기

2) 함수발생기 조정부

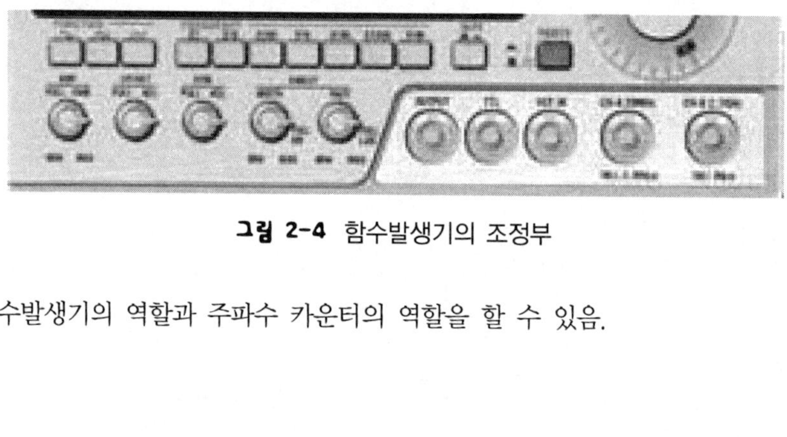

그림 2-4 함수발생기의 조정부

- 함수발생기의 역할과 주파수 카운터의 역할을 할 수 있음.

나. 실험 #2 : 오실로스코프와 함수발생기(Function Generator)

1) 실험목적

(1) 오실로스코프의 사용법 이해.

(2) 함수발생기의 사용법 이해.

2) 실험장비 및 재료

(1) 오실로스코프 1대

(2) 1x 프로브, 10x 프로브

(3) 신호발생기 1대

(4) 디지털 멀티미터 1대

(5) 작은 드라이버

3) 실험순서

(1) 10x 프로브(probe)를 CH1의 INPUT에 연결하고 프로브의 끝을 오실로스코프 왼쪽 하단의 교정용 전원에 연결하라. 나타난 파형이 만약 정지되지 않는다면 TRIG LEVEL 단자를 조정하여 화면을 정지시켜라.

(2) 스크린(screen)에 나타난 파형의 높이가 5[div] 정도가 되도록 VOLTS/DIV 선택자를 돌려라.

(3) 스크린에 단파형의 2주기 정도가 나타나도록 TIME/DIV 선택자를 돌려라.

(4) 이 CRT에 나타난 신호 전압의 진폭 및 주기를 측정하고 주파수와 듀티계수(duty factor)를 계산하라.

(5) CH1의 INPUT 단자에 저주파 신호발생기(RC 발진기)의 출력을 인가하라(연결 시 극성에 주의할 것). 이때 저주파 신호발생기의 출력은 정현파로 하고, 주파수를 1[kHZ], 진폭은 4[V]가 되도록 신호발생기를 조정하고 이 출력 파형의 첨두치(pack-to-peak value)가 4[div] 정도가 되도록 VOLTS/DIV 선택자를 돌려라. 단, 신호발생기의 출력 전압은 디지털 멀티미터로 측정하라.

(6) 이 파형의 5주기 정도가 화면에 나타나도록 TIME/DIV 선택자를 돌려 파형을 확인하라. 또 신호발생기의 출력 파형을 구형파로 하여 화면에 나타난 파형의 수치를 읽어 보아라. 파형을 다시 정현파로 한 다음 POSITION 조정자를 조정하여 트레이스의 시작점이 화면의 중앙에 오도록 트레이스를 이동시켜라.

4) 실험결과

(1) 실험순서 (4)의 결과

- 진폭 V_A : [V]
- 주기 T : [sec.]
- 주파수 : [HZ]
- 듀티계수 : [%]

(2) 실험순서 (5)의 결과

멀티미터로 측정한 함수발생기의 출력 전압 : [V]

5) 검토 및 고찰

(1) TIME/DIV 단자를 바꾸면 입력 파형의 주파수가 변화하는가?

(2) 화면에 나타난 ① 파형의 높이, ② 파형의 폭, ③ 상의 밝기, ④ 상의 선명도, ⑤ 상의 위치 및 ⑥ 파형의 안정에 영향을 미치는 조정 단자들의 이름을 적어라.

03
저항 측정

Practice of Baisic Mechatronics

가. 실험을 위한 기본 지식 #3 - self readings

지식 1. 빵판(Bread Board) 및 연결선의 이해

1) 빵판의 구조

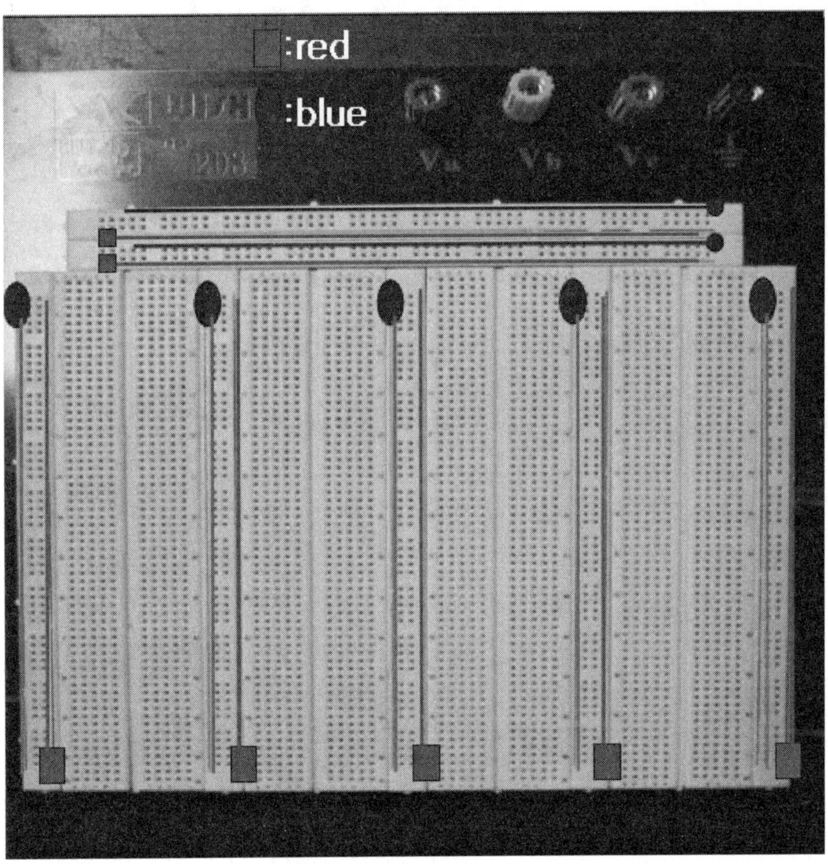

그림 3-1 빵판(bread board)

2) 각종 연결선

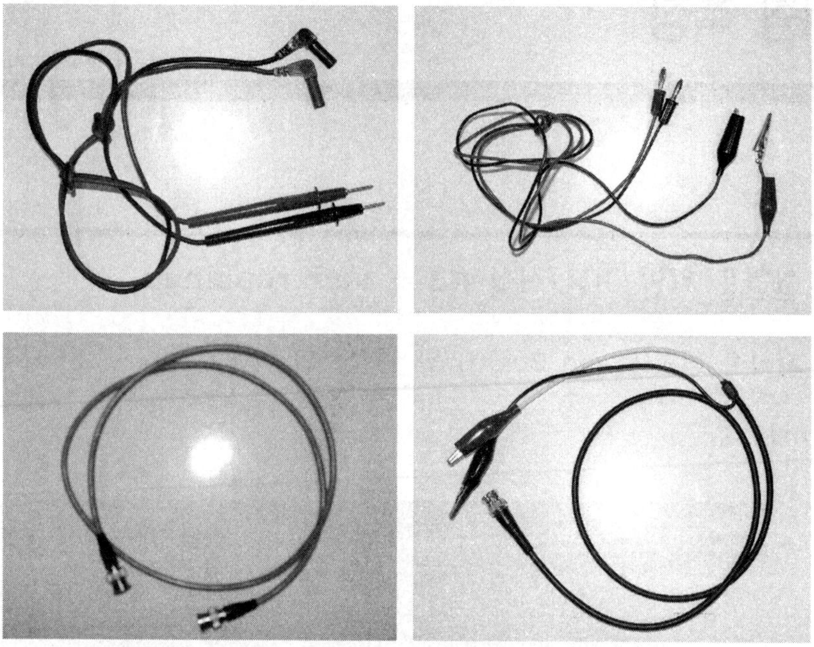

그림 3-2 각종 연결선

지식 2. (복습 요약) 저항 판독법

1) 저항(Resistor)

(1) 고정저항 식별법

표 3-1 저항 읽는법

4색인 경우	제 1색 띠	제 2색 띠	제 3색 띠	제 4색 띠
	첫 번째 수	두 번째수	승수(지수)	오차(%)
5핵인 경우	제 1색 띠	제 2,3색 띠	제 4색 띠	제 5색 띠
	첫 번째 수	둘, 셋째 수	승수(지수)	오차(%)
흑(검정)	0	0	10^0	-
갈(밤색)	1	1	10^1	±1%
빨(빨강)	2	2	10^2	±2%
주(주황) = 등	3	3	10^3	±3%
노(노랑) = 황	4	4	10^4	±4%
초(녹색) = 녹	5	5	10^5	±0.5%
파(파랑) = 청	6	6	10^6	-
보(보라) = 자	7	7	10^7	-
회(회색)	8	8	10^8	-
백(흰색)	9	9	10^9	-
금(금색)	-	-	10^{-1}(=0.1)	±5%
은(은색)	-	-	10^{-2}(=0.01	±10%
무(색이 없음)	-	-	-	±20%

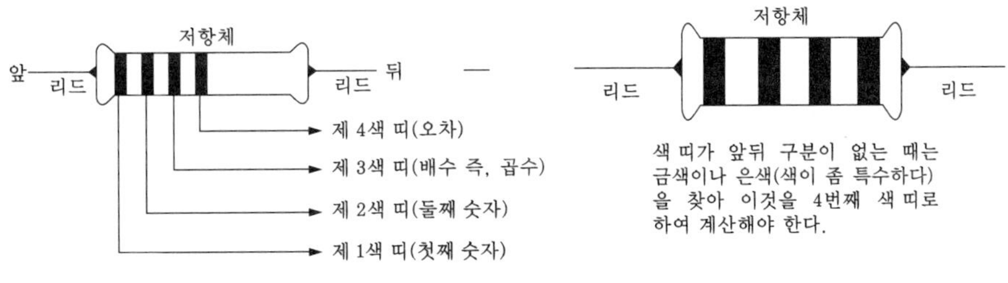

그림 3-3 4색 띠 저항체 식별법

- 오차를 나타내는 색 띠는 보통 색 띠 사이의 간격이 큼.

(2) **종류**

① 고정저항 : 앞의 컬러코드를 나타내는 그림의 저항과 같음.

② 반고정저항

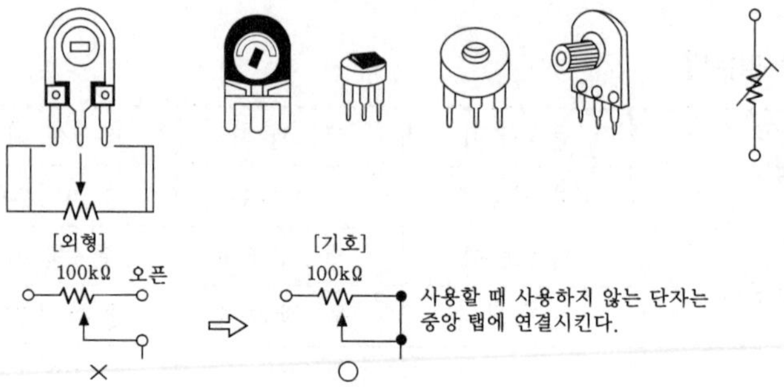

그림 3-4 반고정저항 외형 및 기호 표현

③ 가변저항

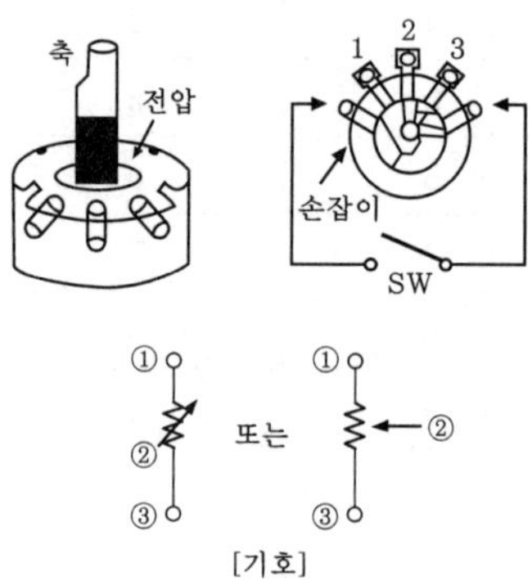

그림 3-5 가변저항 외형 및 기호 표현

나. 실험 #3 : 저항 측정

1) 실험목적

(1) 빵판(Bread Board) 사용법 숙지.

(2) 저항의 종류와 측정법 및 역할 숙지.

2) 실험장비 및 재료

(1) 디지털 멀티미터 1대

(2) 10kΩ 가변저항 1개

(3) 100kΩ 가변저항 1개

(4) 저항 : 100kΩ, 200kΩ 각 2개

3) 실험순서

(1) 그림 3-6과 같이 저항을 각각의 저항값을 측정하고 단자 AB 양단의 저항값을 측정하라.

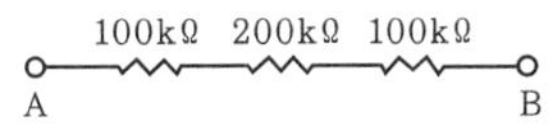

그림 3-6 저항의 직렬 연결

(2) 그림 3-7와 같이 저항을 연결하고 각각의 저항값과 단자 AB 양단의 저항값을 측정하라.

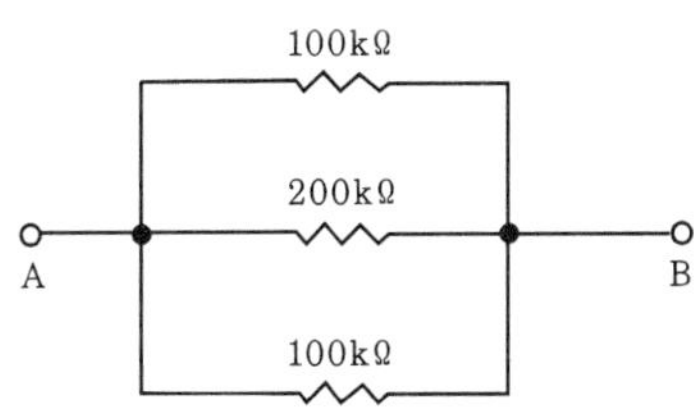

그림 3-7 저항의 병렬 연결

(3) 그림 2-3과 같이 저항을 연결하고 단자 AB, AC, BC 간의 저항을 측정하라.

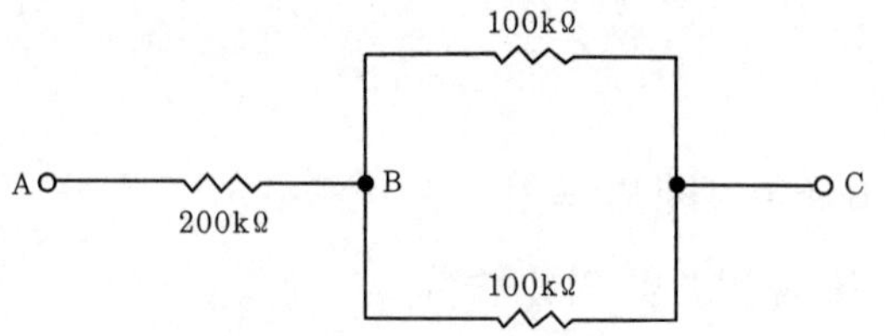

그림 3-8 저항의 직·병렬 조합 연결

(4) 10kΩ 가변저항의 단자 1과 2 간의 저항을 R_{12}, 단자 1과 3 간의 저항을 R_{13} 그리고 단자 2와 3 간의 저항을 R_{23}이라고 해두자.

(5) 각 단자의 저항을 측정하여 표 3-2를 완성하라.

(6) 실험 (1)과 같은 방법으로 100kΩ 가변저항기의 단자 간 저항값을 측정하여 표 3-3을 완성하라.

4) 실험결과

(1) 실험순서 (1)의 결과

표 3-2 실험 (1) 결과

저항	측정값
100kΩ(왼쪽)	
200kΩ(중간)	
100kΩ(오른쪽)	
합성저항(R_{AB})	

(2) 실험순서 (2)의 결과

표 3-3 실험 (2) 결과

저항	측정값
100kΩ(위쪽)	
200kΩ(중간)	
300kΩ(아래)	
합성저항(R_{AB})	

(3) 실험순서 (3)의 결과

표 3-4 실험 (3) 결과

저항	측정값
AB	
AC	
BC	

(4) 실험순서 (4)의 결과

표 3-5 실험 (4) 결과

potentiometer의 축의 위치	R_{13}	R_{12}	R_{25}	$R_{12}+R_{25}$
최대 반시계 방향	kΩ	kΩ	kΩ	kΩ
시계 방향으로 1/4	kΩ	kΩ	kΩ	kΩ
시계 방향으로 1/2	kΩ	kΩ	kΩ	kΩ
시계 방향으로 3/4	kΩ	kΩ	kΩ	kΩ
최대 시계 방향	kΩ	kΩ	kΩ	kΩ

(5) 실험순서 (5)의 결과

표 3-6 실험 (5) 결과

potentiometer의 축의 위치	R_{13}	R_{12}	R_{23}	$R_{12}+R_{23}$
최대 반시계 방향	kΩ	kΩ	kΩ	kΩ
시계 방향으로 1/4	kΩ	kΩ	kΩ	kΩ
시계 방향으로 1/2	kΩ	kΩ	kΩ	kΩ
시계 방향으로 3/4	kΩ	kΩ	kΩ	kΩ
최대 시계 방향	kΩ	kΩ	kΩ	kΩ

04
저항의 직/병렬 회로

가. 실험을 위한 기본 지식 #4 - self readings

지식 1. Ohm의 법칙 - 저항소자의 법칙

- **저항** : 전자의 이동을 방해하는 특성만을 나타내는 전기소자

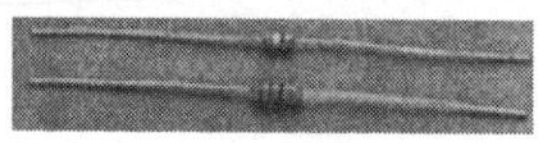

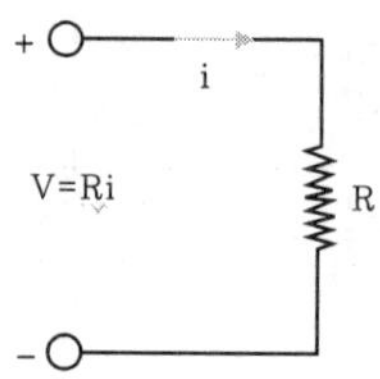

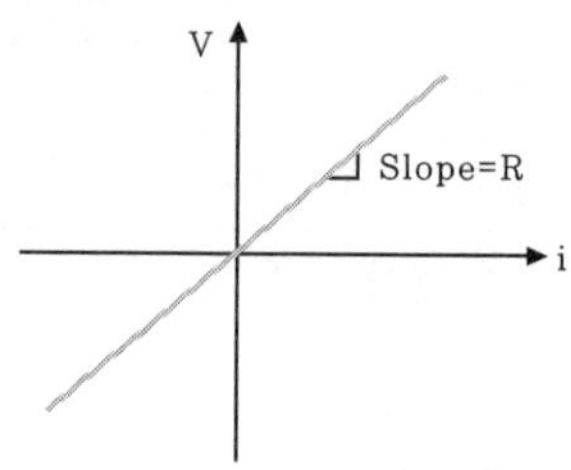

- **Ohm의 법칙** : 도체에 걸리는 전압은 거기에 흐르는 전류에 정비례한다(선형 저항기의 소자법칙).

  $v = Ri \quad (1\text{V} = 1\Omega \times 1\text{A})$

- 예) 저항에 흐르는 전류가 -1.6mA이고 전압이 -6.3V일 때 저항값은 얼마인가?

$$R = v/i$$
$$= -6.3/-1.6*10^{-3}$$
$$= 3.94\ \text{K}\Omega$$

– 예) 저항에 흐르는 전류와 60초 동안 저항에서 소비되는 에너지를 구하라.

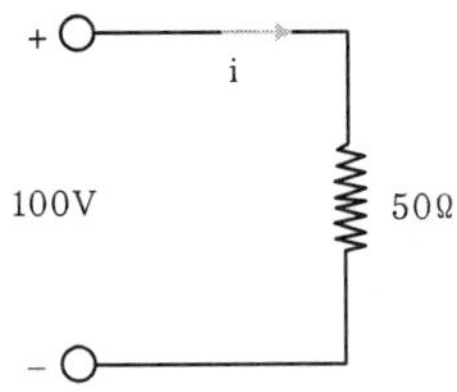

$$I = v/R = 100/50 = 2A$$

$$p = vi = I^2 R = 4*50 = 200\,W$$

$$w_R = \int_0^{60} 200\,dt = 200t|_0^{60}$$
$$= 200 \times 60 = 1.2 \times 10^4\ J$$

지식 2. 키르히호프 전류/전압법칙(KCL/KVL)

1) Kirchhoff법칙 용어

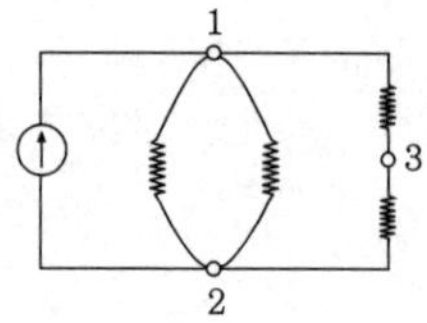

- **마디(절점, node)** : 두 개 이상의 회로 소자가 공통으로 접속되어 있는 점.
- **경로(path)** : 동일한 마디를 두 번 이상 통과하지 않는 회로 소자와 마디의 집합.
- **폐로(closed path), 루프(loop)** : 처음에 출발한 마디가 마지막 도착한 마디와 일치하는 경로. 이때 동일한 마디를 두 번 통과하면 안 됨.
- **가지(branch)** : 하나의 회로 소자와 양쪽의 마디로 이루어지는 단일경로.

2) KCL(Kirchhoff Current Law)

- 임의의 마디에 유입되는 모든 전류의 대수적인 합은 0이다.
- 임의의 마디에서 유출되는 모든 전류의 대수적인 합은 0이다.
- 임의의 마디에 유입되는 모든 전류의 합은 그 마디에서 유출되는 모든 전류의 대수적인 합과 동일하다.

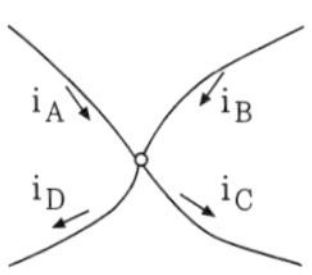

$$i_A + i_B - i_C - i_D = 0$$
$$-i_A - i_B + i_C + i_D = 0$$
$$i_A + i_B = i_C + i_D$$

마디 전류가 N 개인 경우, $i_1 + i_2 + i_3 ... i_N = 0$ ➜ $\sum_{n=1}^{N} i_n = 0$

- 예) 다음 회로에서 전류 I를 구하라.

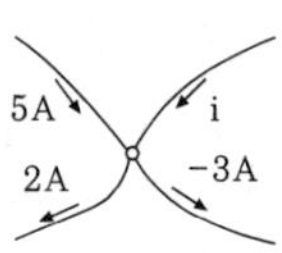

5 + i −2−(−3) = 0

∴ i = −6A

3) KVL(Kirchhoff Voltage Law)

- 임의의 폐로에 있어서 각 회로 소자에 걸리는 전압의 대수적인 합은 0이다.
- 임의의 폐로를 따라 단위 양전하를 이동하는 데 소비되는 에너지는 0이 된다(에너지 보존법칙).

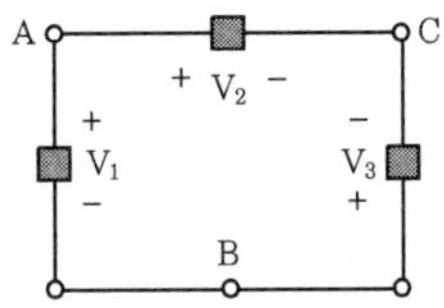

$$-V_1+V_2-V_3=0$$

$$v_1=v_2-v_3$$

– N 개의 회로 소자로 구성된 폐로인 경우

$$V_1+V_2+V_3...V_N=0 \quad \rightarrow \quad \sum_{n=1}^{N} V_n=0$$

– 예) KVL을 이용하여 다음 회로의 V_{R2}와 V_x를 구하라.

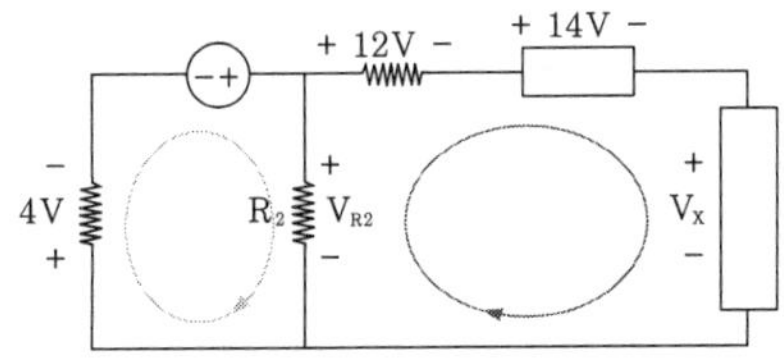

$$4-36+V_{R2}=0,\ V_{R2}=32V$$

$$-32+12+14+V_x,\ V_x=6V$$

나. 실험 #4 : 저항의 직/병렬 회로

1) **실험목적** : 저항 직/병렬 회로의 이해

2) **실험장비 및 재료**

(1) 전원공급기 1대

(2) 디지털 멀티미터 1대

(3) 오실로스코프 1대

(4) 저항 : 330Ω(2W), 470Ω(2W), 560Ω(2W), 2.2kΩ(1/2W), 3.3kΩ(1/2W), 10kΩ(1/2W) 각 1개

3) **실험순서**

(1) 그림 4-1의 회로를 구성하라.

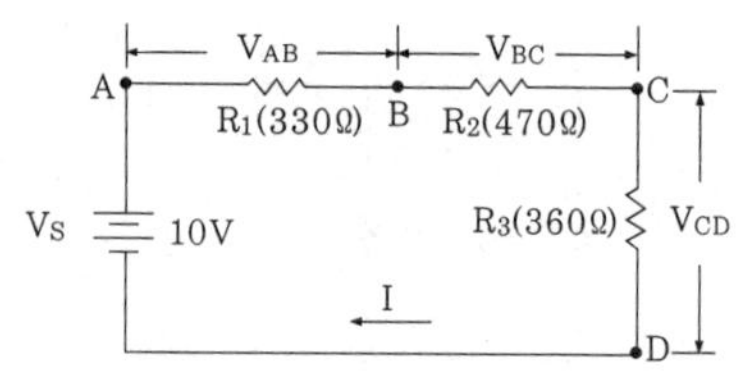

그림 4-1 저항의 직렬 연결 회로

(2) 저항 R_1 양단의 전압 V_{AB}, R_2 양단의 전압 V_{BC} 및 R_3 양단의 전압 V_{CD}를 디지털 멀티미터 및 오실로스코프로 측정하라.

(3) 저항 $R_1 + R_2$ 양단의 전압 V_{AC}를 측정하여 $V_{AB}+V_{BC}$의 전압과 비교하라.

(4) $R_2 + R_3$ 양단의 전압 V_{BD}와 $V_{BC}+V_{CD}$의 전압을 비교하라.

(5) 그림 4-1의 회로에 흐르는 전류 I를 측정하라.

(6) 그림 4-2의 회로를 구성하라.

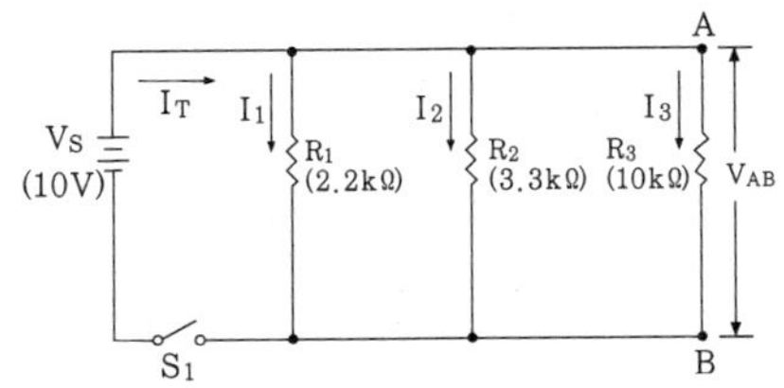

그림 4-2 저항의 병렬 연결 회로

(7) 스위치 S_1을 개방하고 합성저항 R_T를 측정하라.

(8) 저항 양단의 전압 V_{AB}를 디지털 멀티미터 및 오실로스코프로 측정하라.

(9) 전체전류 I_T를 측정하라.

(10) 저항 R_1을 통하여 흐르는 전류 I_1과 저항 R_2을 통하여 흐르는 전류 I_2 및 저항 R_3을 통하여 흐르는 전류 I_3를 측정하라.

(11) $I_T = I_1 + I_2 + I_3$가 되는지 확인하라.

(12) 그림 4-3의 회로를 구성하라.

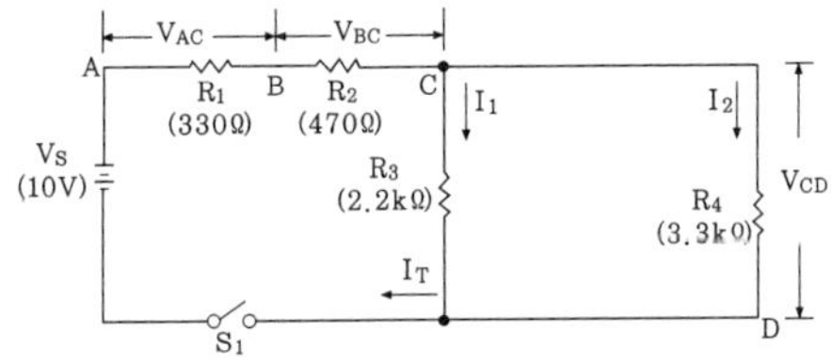

그림 4-3 저항의 직·병렬 조합 회로

(13) 스위치 S_1을 개방하고 합성저항 R_T를 측정하라.

(14) 전압 V_{AB}, V_{BC}, V_{CD}를 측정하라.

(15) 전류 I_T, I_1 및 I_2를 측정하라.

4) 실험결과

- 실험순서 과정에 기입할 것.

5) 검토 및 고찰

(1) 그림 4-2에서 이론적으로 구한 V_{AB}, V_{BC} 및 V_{CD}와 측정치를 비교하라.

(2) V_{BD}와 V_{BC} + V_{CD}의 전압값은 같은가?

(3) 그림 4.3에서 합성저항 R_T의 이론치와 측정치를 비교하라. 다르다면 그 이유는?

(4) 실험 (9)에서 측정한 전류값을 이론적으로 구하여 비교하라.

(5) 실험 (12)에서 합성저항 R_T의 이론치와 측정치를 비교하라.

05
테브낭(Thevenin) 정리 실험

Practice of Baisic Mechatronics

가. 실험을 위한 기본 지식 #5 - self readings

지식 1. 테브낭 정리(Thevenin theorem)

임의의 선형 회로 A는 전압원 V_o와 등가저항 R_o가 직렬로 연결된 Thevenin 등가 회로로 대체될 수 있다.

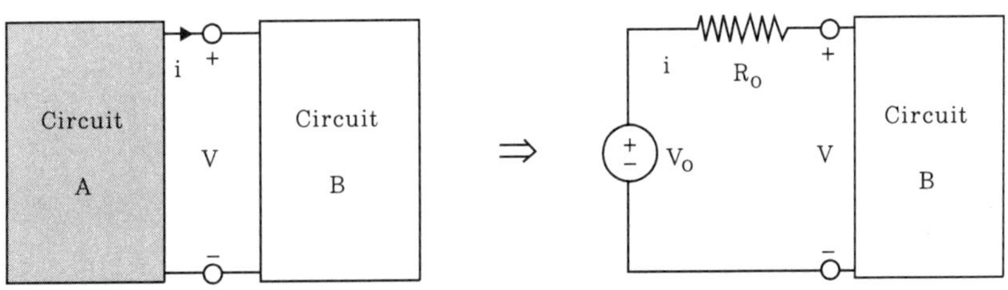

- 등가 조건 : $V_o = f(0)$ (두 단자가 개방일 때 $(i=0)$)

  $i_o = V_o / R_o \Rightarrow R_o = V_o / i_o$ (두 단자가 단락일 때 $(V=0)$)
- 선형 회로 A가 선형 저항 회로인 경우 등가저항 R_o는 전압원은 단락, 전류원은 개방한 후 두 단자에서 선형 회로 A를 본 저항.

예) 다음 회로의 테브낭 등가 회로를 구하라.

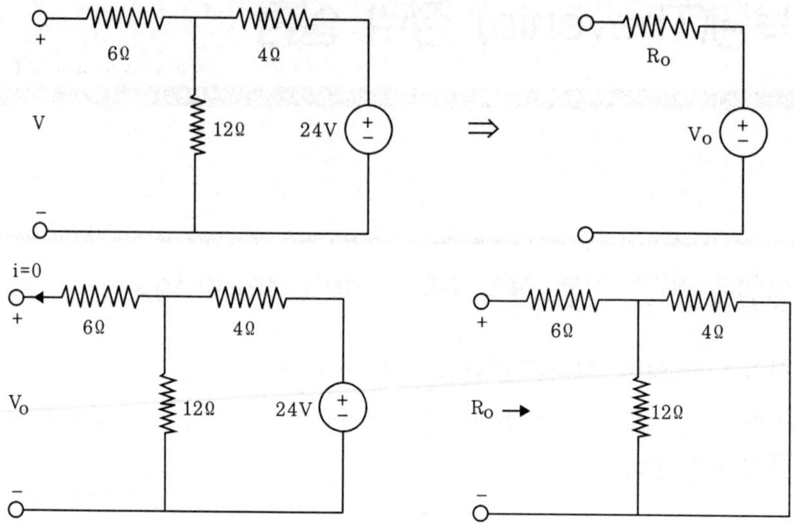

$V_o = 24 \times 12 / (4+12)$
$= 18V$

$R_o = 6 + (12//4)$
$= 6 + 12 \times 4/(12+4) = 9\Omega$

예) 테브낭 정리를 이용하여 V_o, R_o를 구하라.

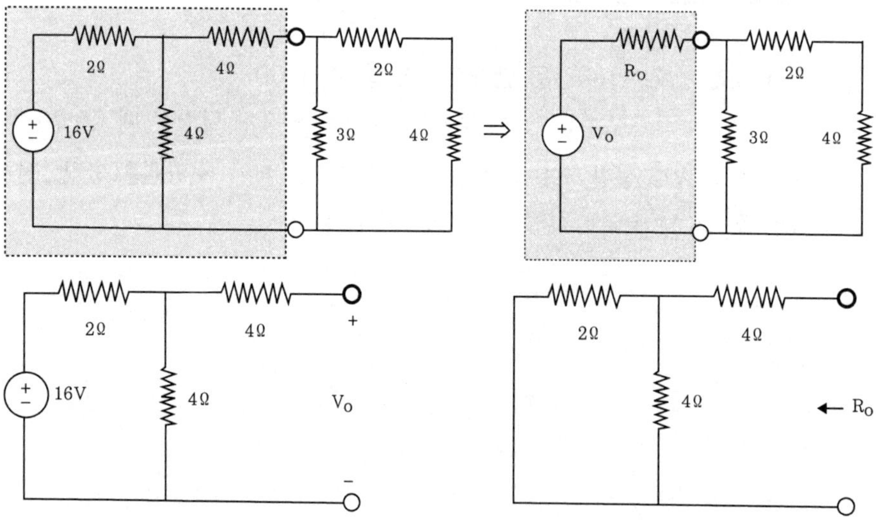

$V_o = 16 \times 4 / (2+4)$
$= 32/3V$

$R_o = 4 + (2//4)$
$= 4 + 2 \times 4/(2+4) = 16/5\Omega$

지식 2. 노턴 정리(Norton theorem)

임의의 선형 회로 A는 전류원 i_o와 등가저항 R_o가 병렬로 연결된 Norton 등가 회로로 대체될 수 있다.

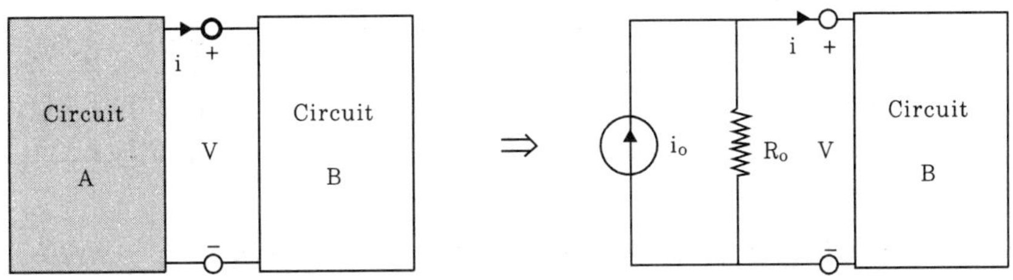

$i = g(V)$ $\quad\quad$ $i = i_o - V / R_o$

- 등가 조건 : $i_o = g(0)$ (두 단자가 단락일 때 (V=0))

  $V_o = i_o \times R_o \;\Rightarrow\; R_o = V_o / i_o$ (두 단자가 단락일 때 (i=0))

- 선형 회로 A가 선형저항 회로인 경우 등가저항 R_o는 전압원은 단락, 전류원은 개방한 후 두 단자에서 선형 회로 A를 본 저항.

예) 다음 회로의 노턴 등가 회로를 구하라.

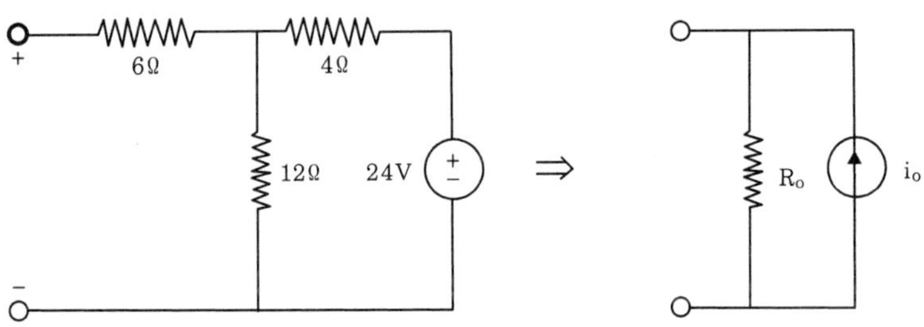

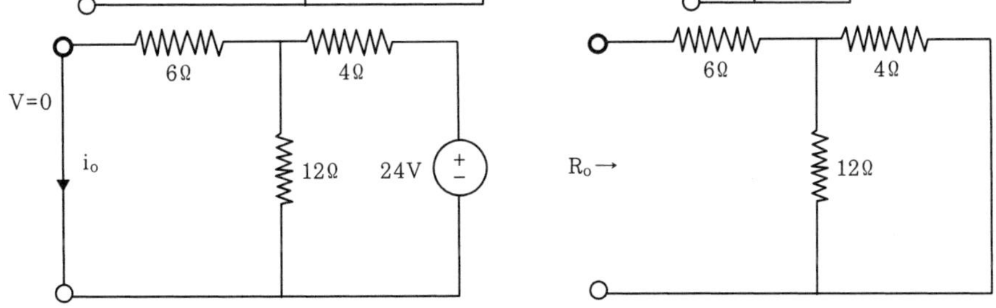

$V_{12\Omega} = 24\times(6//12)/(4+(6//12))$

$= 24\times4/(4+4) = 12V$

$i_o = 12/6 = 2A$

$R_o = 6 + (12//4)$

$= 6 + 12\times4/(12+4) = 9\Omega$

예) 노턴 정리를 이용하여 i_o, R_o를 구하라.

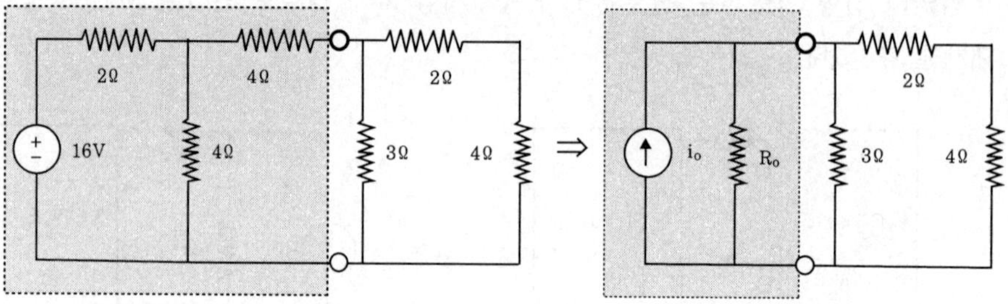

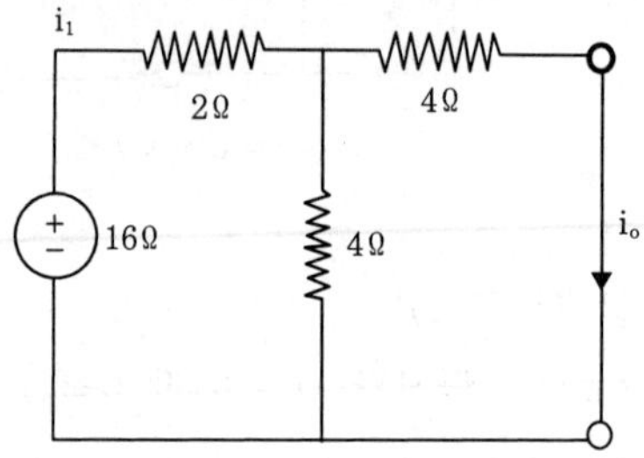

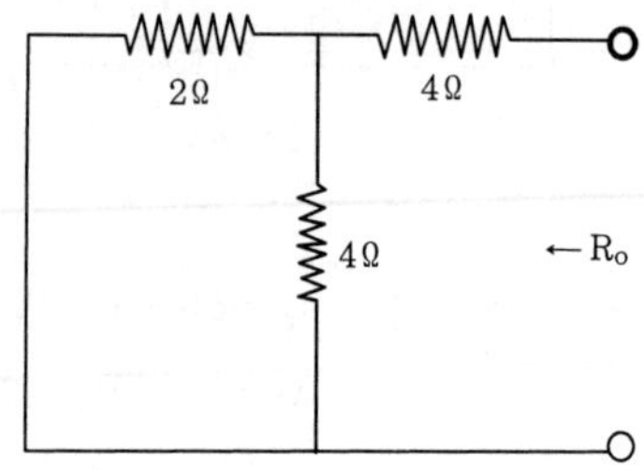

$i_1 = 16/(2+4//4) = 4A$

$i_o = 4\times4/(4+4) = 2A$

$R_o = 4 + (2//4)$

$= 4 + 2\times4/(2+4) = 16/3\Omega$

나. 실험 #5 : 테브낭 정리 실험

1) **실험목적** : 테브낭의 정리를 실험을 통해 검증해본다.

2) **실험장비 및 재료**

(1) 전원공급기 1대

(2) 디지털 멀티미터 1대

(3) 오실로스코프 1대

(4) 저항 : 330Ω(2W), 470Ω(2W), 560Ω(2W), 2.2kΩ(1/2W), 3.3kΩ(1/2W), 10kΩ(1/2W) 각 1개

3) **실험순서**

(1) **테브낭의 정리**

계산 :

① 그림 5-1에서 저항기의 측정값을 기입하고, 점 a-b의 왼쪽 회로망에 대하여 Thevenin 전압 및 저항을 계산하라.

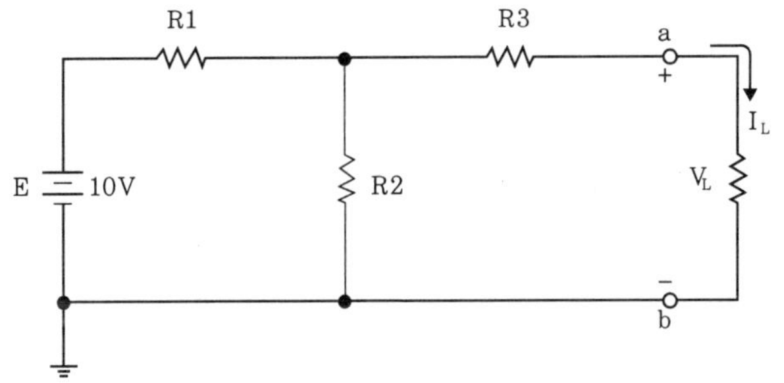

(R_1 =330Ω, R_2 =220Ω, R_3 =91Ω, R_L =470Ω)

그림 5-1 저항의 직·병렬 조합 회로

E_{Th} = __________ , R_{Th} = __________

이 값을 표 5-1의 제1단의 빈칸에 넣어라.

② 그림 5-2에 E_{Th} 와 R_{Th} 의 값을 기입하고, I_L 을 계산하라.

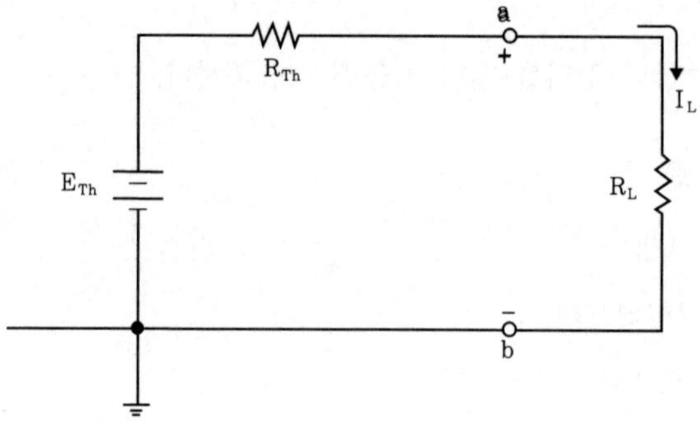

그림 5-2 그림 5-1 회로의 테브낭 등가 회로

I_L = ________

또한 이 값을 표 5-1의 제3단의 첫 번째 빈칸에 기입하라.

③ 직 · 병렬 기법을 사용하여 그림 5-1의 원 회로망에서의 전류 I_L 를 계산하라.

I_L = ________

또한 이 값을 표 5-1의 제3단의 두 번째 빈칸에 기입하라.

<u>측정 :</u>

④ 그림 5-1의 회로망을 구성하고, 전압 V_L 를 측정하라. 전류 I_L 를 계산하라. 이 값을 표 5-1의 제4단의 첫 번째 빈칸에 기입하라.

V_L (측정치) = ________ , I_L (V_L 로부터 계산치) = ________

⑤ 그림 5-3의 회로망을 구성하고 점 a-b 양단의 저항을 측정하여 R_{Th} 를 결정하라.

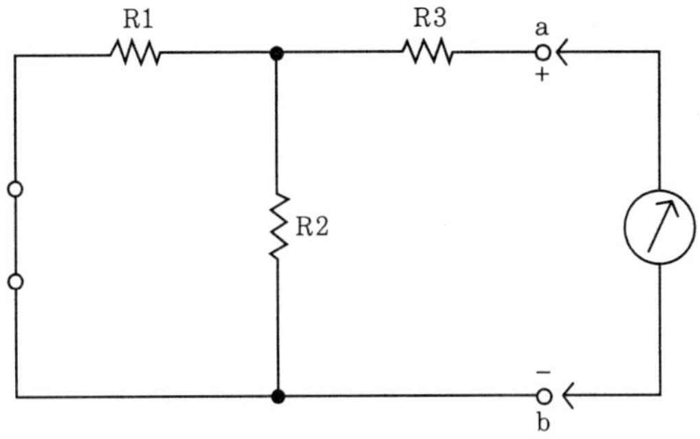

(R_1 =330Ω, R_2 =220Ω, R_3 =91Ω)

그림 5-3 구성 회로

R_{Th} = ____________

이 값을 표 5-1의 제2단의 두 번째 빈칸에 기입하라.

⑥ 그림 5-4의 회로망을 구성하여, a-b 양단의 개방 회로 전압을 측정하여 E_{Th} 를 결정하라.

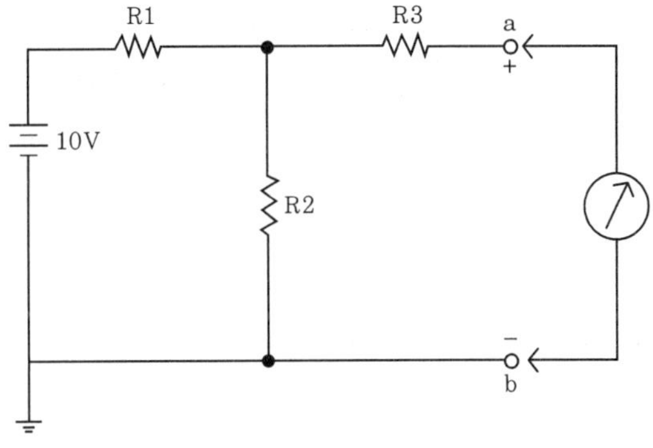

(R_1 =330Ω, R_2 =220Ω, R_3 =91Ω)

그림 5-4 구성 회로

E_{Th} (측정치) = ____________

이 값을 표 5-1의 제2단의 첫 번째 빈칸에 기입하라.

⑦ 그림 5-5의 회로망을 구성하고, (e)와(f)에서의 E_{Th} 와 R_{Th} 에 대한 값이 각각 되도록 조정하라. 미터의 저항계 기능을 사용하여 포텐셔미터를 적절하게 조정하라. 그 다음 전압 V_L 을 측정하고 전류 I_L 를 계산하라. 이 값을 표 5-1의 제4단의 두 번째 빈칸에 기입하라.

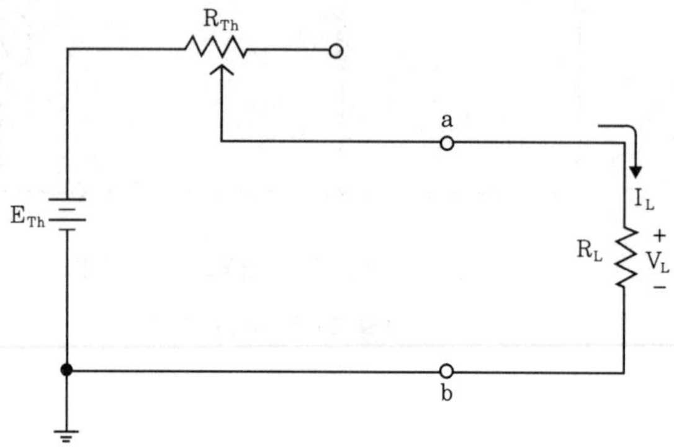

(R_{Th} = 0~1kΩ, R_L = 470Ω)

그림 5-5 구성 회로

V_L (측정치) = ________ , I_L (V_L 로부터 계산치) = ________

표 5-1

E_{Th} 와 R_{Th} 의 계산치	E_{Th} 와 R_{Th} 의 계산치	I_L 의 계산치	I_L 의 측정치
E_{Th} = ________	E_{Th} = ________	Thevenin 등가 사용: I_L = ________	그림 5-1로부터: I_L = ________
R_{Th} = ________	R_{Th} = ________	다른 해석법 사용: I_L = ________	Thevenin 등가 사용: I_L = ________

- E_{Th} 및 R_{Th} 의 계산치와 측정치를 비교할 때 어떠한가?
- I_L 의 계산치와 측정치를 비교할 때 어떠한가?

(2) 테브낭의 응용

① 그림 5-6의 회로망을 구성하라.

저항 R_1에 흐르는 전류의 크기와 극성을 측정하라(극성은 그림상에 표시하라).

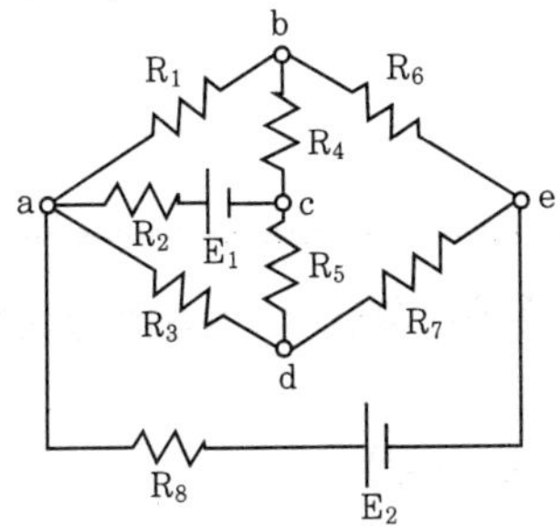

그림 5-6 구성 회로

② 단자 a-b 간의 개방 전압(V_O)를 측정하라.

③ 전원 E_1, E_2를 단락한 후 단자 a-b에서 회로망 측을 바라본 등가 임피던스(Z_{ab})를 측정하라.

④ ②,③의 결과로부터 구한 테브낭의 등가 전원에 대한 저항 R_1을 부하로 접속했을때 R_1에 흐르는 전류값과 극성을 구하라(계산).

⑤ ①에서 측정 결과와 ④의 결과를 비교하라.

⑥ ①~④의 결과로부터 ④의 결과와 비교하라.

06

R-C 회로 실험

Practice of Baisic Mechatronics

가. 실험을 위한 기본 지식 #6 - self readings

지식 1. 커패시터(Capacitor)

- 두 도체 사이를 절연체로 메워 만든 2단자 소자.
- 에너지를 생성할 수는 없으나 저장할 수 있는 에너지 저장 소자.

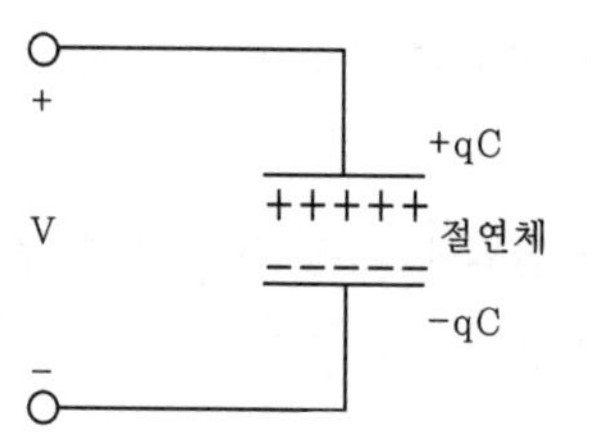

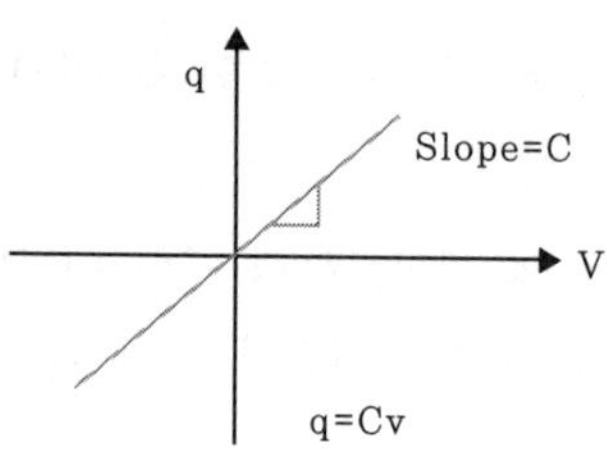

- 커패시터의 단자법칙

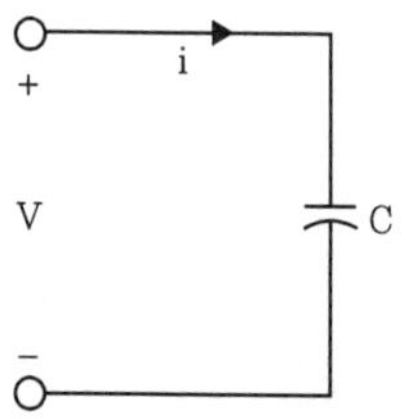

I = dq/dt = Cdv/dt

(1A = 1F×1V/1sec.)

$$v(t) = \frac{1}{C}\int idt = v(0) + \frac{1}{C}\int_0^t idt$$

커패시터 전압이 DC이면 전류는 0이다.

예) 10㎌ 커패시터에 다음과 같은 전압을 인가했을 때의 전류를 구하라.

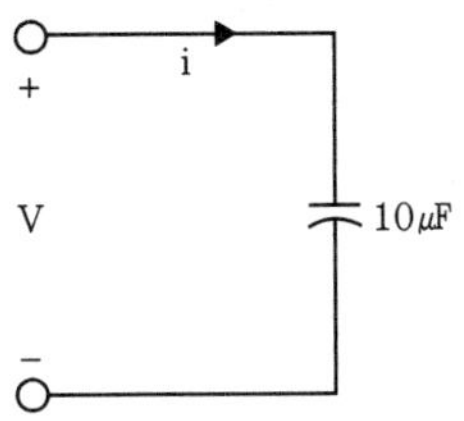

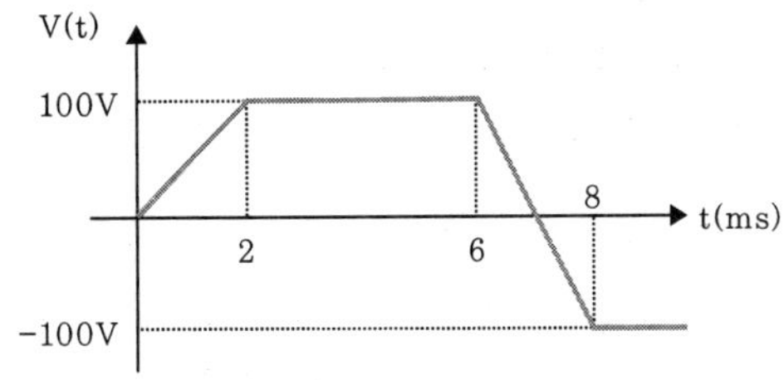

i) $0<t<2$, $dv/dt = (100-0)/(2-0)\times10^{-3} = 50\times10^{3}$ [V/sec]

$\therefore\ i = Cdv/dt = 10\times10^{-6}\times50\times10^{3} = 0.5$ A

ii) $2\le t<6$, $dv/dt = 0$, $\therefore\ i = 0$

iii) $6\le t<8$, $dv/dt = (-100-100)/(8-6)\times10^{-3} = -100\times10^{3}$ [V/sec]

$\therefore\ i = Cdv/dt = 10\times10^{-6}\times-100\times10^{3} = -1$ A

iv) $t\ge8$, $dv/dt = 0$, $\therefore\ i = 0$

- 커패시터의 직렬 접속

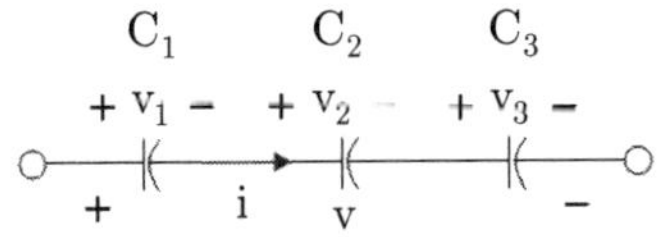

$1/C_{eq} = 1/C_1 + 1/C_2 + 1/C_3$

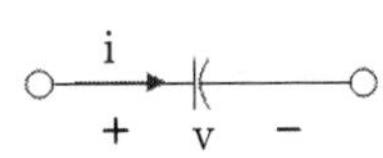

$$v(t) = \left(\frac{1}{C_1}+\frac{1}{C_2}+\frac{1}{C_3}\right)\int_{t_0}^{t} i\,dt + v_1(t_0) + v_2(t_0) + v_3(t_0) \qquad v(t) = \frac{1}{C_{eq}}\int_{t_0}^{t} i\,dt + v(t_0)$$

- 커패시터의 병렬 접속

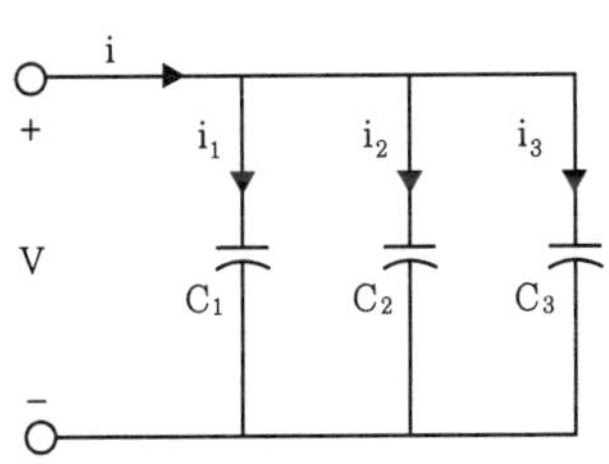

$i = i_1 + i_2 + i_3 = (C_1 + C_2 + C_3)\ dv/dt$

$C_{eq} = C_1 + C_2 + C_3$

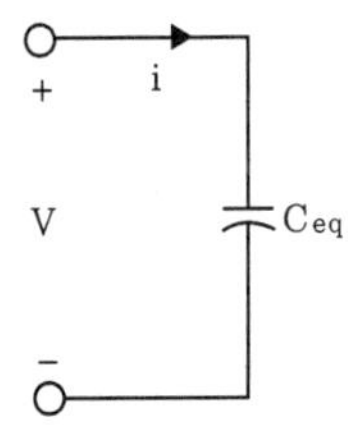

$i = C_{eq}\,dv/dt$

지식 2. R-C 1차 회로(RC 1st order differential equation circuit)

- 1차 회로 : 저항 회로에 하나의 에너지 저장 소자를 추가한 회로
  예) RL 회로, R-C 회로
- 회로방정식 : 1차 미분방정식
  $di(t) / dt + (1/\tau)\, i(t) = b \quad \Rightarrow \quad i(t) = b\tau\,(1-e^{-t/\tau})$
- 전원이 없는 1차 회로의 응답(무입력응답).
  회로 소자에 저장된 에너지에 의해 기인된 응답.
- 전원이 있는 1차 회로의 완전응답.
  회로 자체의 본성에 의해 결정되는 응답인 고유응답과 회로에 인가된 독립전원에 의해 결정되는 응답인 강제응답의 합.

■ R-C 회로의 고유응답 : $V(t) = V(0)e^{-(t/RC)}$

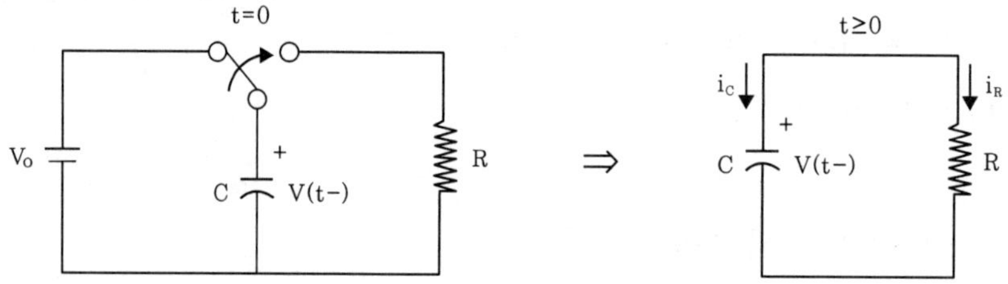

$$V(0^-) = V(0^+) = V_O, \quad w_c(0) = 1/2 \times CV_0^2$$

- 회로방정식 : $i_c + i_R = 0$
  $Cdv/dt + v/R = 0 \quad \Rightarrow \quad dv/dt + (1/RC)v = 0$
- 방정식의 해 : $v(t) = Ke^{st}$라 하고 위 식에 대입하면
  $d(Ke^{st})/dt + 1/RC(Ke^{st}) = (s + 1/RC)(Ke^{st}) = 0 \qquad \therefore s = -1/RC$
  $v(t) = Ke^{-(t/RC)}$에서 $v(0) = K = V_0$이므로 $v(t) = V_0e^{-(t/RC)}$이다.
- 시상 수 : 초기 변화율에 따라 전류가 감소해서 0이 될 때까지의 시간

- R-C 회로의 시상 수

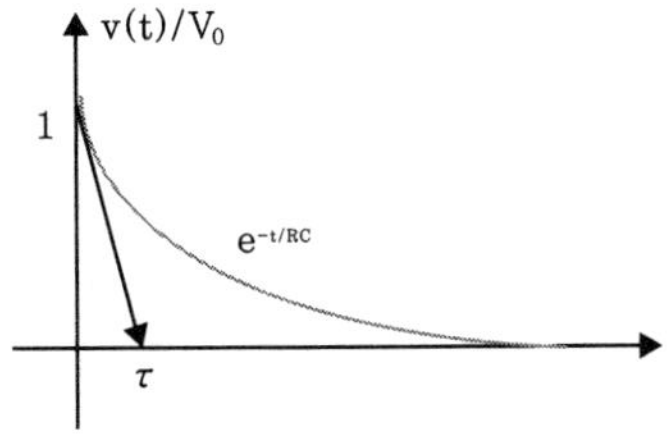

$$v(t)/V_0 = e^{-(t/RC)}$$

$$(1/RC)\tau = 1 \Rightarrow \tau = RC$$

$$v(t) = V_0 e^{-(t/\tau)}$$

- 시상 수 값이 크면 응답 곡선이 더 천천히 감소하고 저항을 통해 소비하는 데 더 많은 시간이 걸린다.

나. 실험 #6 : R-C 회로 실험

1) 실험목적

(1) R-C 회로의 이해

2) 실험장비 및 재료

(1) 신호발생기 1대

(2) 오실로스코프 1대

(3) 교류 전류계 1대

(4) 교류 전압계 1대

(5) 저항 : 4.7kΩ(1W), 1.5kΩ(1W), 1kΩ(5W)

(6) 커패시터 : 0.7μF, 0.1μF

3) 실험순서

(1) 전류에 대한 용량성 리액턴스의 영향

① 그림 6-1, 그림 6-2와 같은 회로를 구성하라.

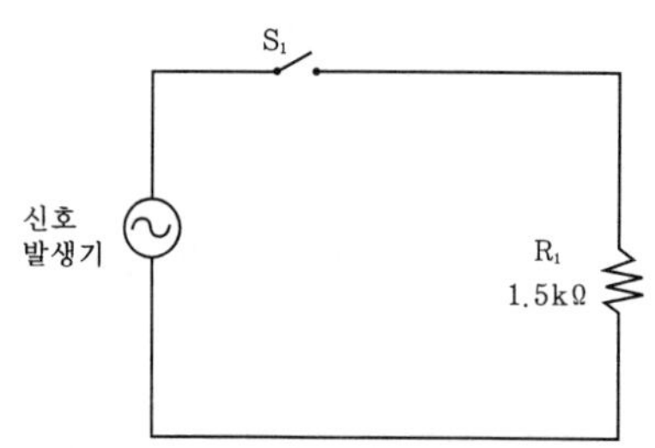

그림 6-1 저항 회로

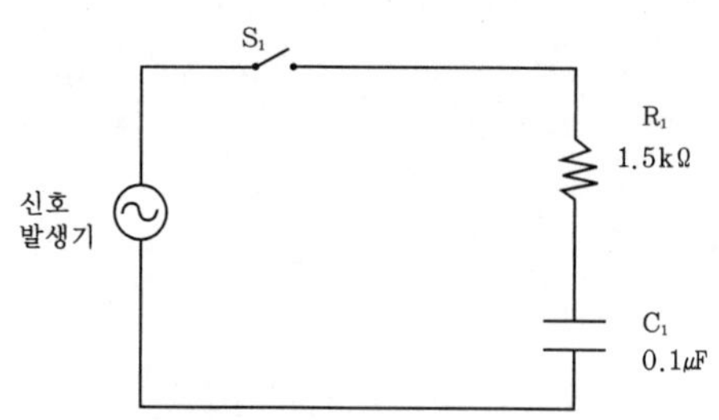

그림 6-2 직렬 R-C 회로

② 신호발생기를 1kHz에 맞추라.

③ 스위치 S_1을 닫고 신호발생기의 출력은 1V에 맞추라.

④ 회로에 흐르는 전류 I_T를 측정하라.

I_T = ____________mA

⑤ 스위치 S_1을 열고 그림 6-2에 보이는 것처럼 R과 직렬로 커패시터 C를 연결시켜라.

⑥ 스위치 S_1을 닫고 다시 신호발생기의 출력을 1V에 맞춰라.

⑦ 회로에 흐르는 전류 I_T를 측정하라.

I_T = ____________mA

⑧ 스위치 S_1을 열고 그림 6-3에 보이는 것처럼 R과 병렬로 커패시터 C를 연결시켜라.

⑨ 회로에 흐르는 전류 I_T를 측정하라.

I_T = ____________mA

⑩ 스위치 S_1을 열고 출력 전압을 0V로 줄여라

⑪ 단계 (d)에서 측정된 전류값과 단계 (g)와 (j)에서 측정된 값을 비교하라. 커패시터가 저항에 직렬로 연결되었을 때 전류는 증가하는가 아니면 감소하는가?

(2) 주파수 변화가 전류에 미치는 영향

① 그림 6-3과 같은 회로도를 구성하라.

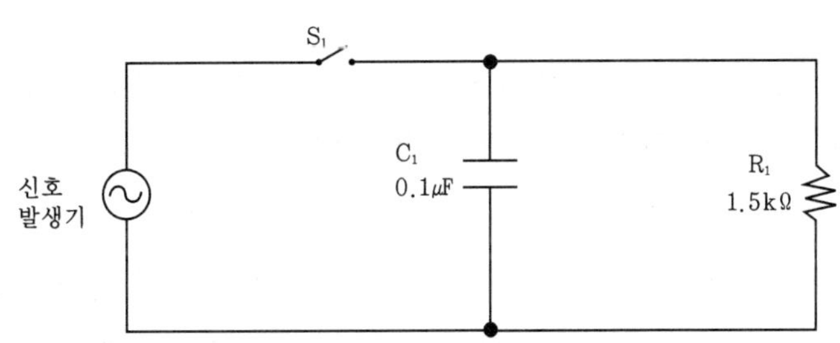

그림 6-3 병렬 R-C 회로

② 표 6-1과 같이 주파수를 1kHz까지 변화시키면서 전류를 측정하라. 단, 주파수를 변화시킬 때마다 출력을 1V가 되도록 조정하라. 주파수가 증가함에 따라 전류가 증가하는가?

표 6-1 주파수에 따른 전류변화

주파수(kHz)	교류 전류(mA)
1	
2	
3	
4	
5	

(3) R-C 회로의 전압과 전류의 위상 관계

① 그림 6-4와 같은 회로를 구성하라. 신호발생기의 출력을 5V(1kHz)에 맞추고 S_1을 닫아라.

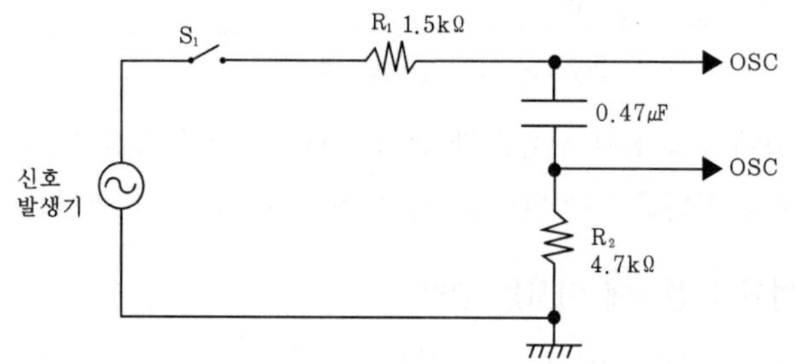

그림 6-4 직렬 R-C 회로

② 커패시터에 걸리는 전압은 오실로스코프의 채널 1에 연결시키고 저항에 걸리는 전압은 오실로스코프의 채널 2에 연결시켜라.

③ 오실로스코프에 전압 파형이 잘 보이도록 조정하라.

④ 360°의 정현파가 X축의 10개 눈금에 나타나게 되면 한 눈금 당 36°에 해당한다.

⑤ 저항에 걸리는 전압 파형은 회로에 흐르는 전류 파형과 같다. 단 전류 파형의 크기를 구하기 위해서는 전압 파형의 크기를 저항값으로 나누어 주어야 한다.

⑥ 오실로스코프에 나타난 파형을 그래프에 그려라.

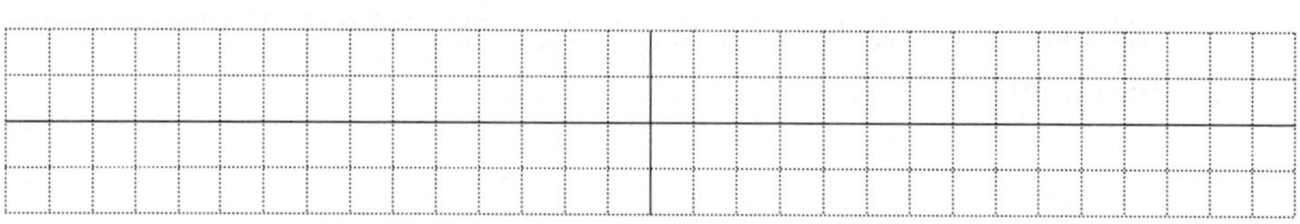

⑦ 저항 4.7kΩ을 1Ω으로 대치하고 단계 (a), (b), (c), (f)를 반복하라.

4) 실험결과

- 실험순서 과정에 기입할 것.

5) 검토 및 고찰

(1) 저항 회로에서 전압과 전류 사이에 위상차가 생기는가?

(2) R-C 회로에서 주파수 증가에 따라 전류는 어떻게 변화하는가? 그리고 변하는 이유는?

(3) 실험 단계 (2)에서 측정된 값을 사용하여 임피던스 값을 구하라($Z := V/I_T$).

(4) 실험 단계 (3)에서 측정된 전압과 전류 파형으로부터 저항 4.7kΩ을 사용하였을 때와 1Ω을 사용했을 때의 전압과 전류의 위상차를 구하라.

(5) 단계 (4)에서 전압과 전류의 위상차가 낮은 저항을 사용하였을 때와 큰 저항을 사용하였을 때 서로 차이가 있는가? 차이가 있다면 그 이유는 무엇인가?

(6) 단계 (5)에서 작은 저항을 사용했을 때가 큰 저항을 사용했을 때 보다 위상차가 90°에 더 가까워지는가? 그 이유는 무엇인가?

07
중첩의 원리

Practice of Baisic Mechatronics

가. 실험을 위한 기본 지식 #7 - self readings

지식 1. 중첩의 원리(Superposition Theorem)

- 여러 개의 전원이 있는 선형 회로의 응답은 각 전원 단독으로 존재할 때의 응답의 합이다.
- 선형 회로 : 독립전원, 선형종속전원, 선형 소자
- 임의의 전원에 대한 응답은 다른 전원을 제거한 후에 얻을 수 있다.
  (전압원은 $V_s = 0$ (단락), 전류원은 $i_s = 0$ (개방)으로 제거)
- 예) 중첩의 원리를 이용하여 전류 i를 구하라.

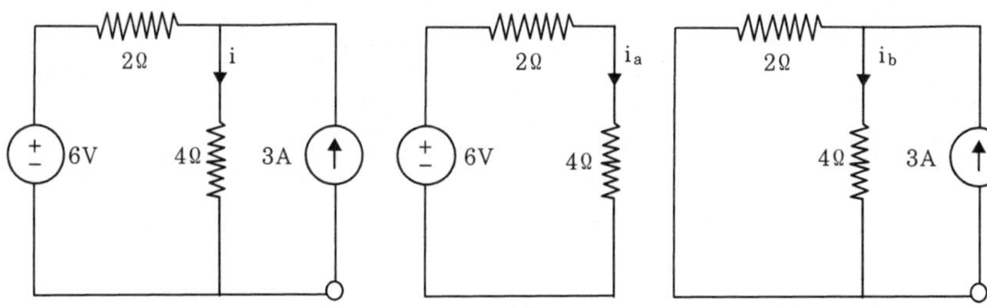

(a) (b)

$i = i_a + i_b = 2A$ $i_a = 6/6 = 1A$ $i_b = 3 \times 2/(2+4) = 1A$

예) 다음 회로의 전압 V를 구하라.

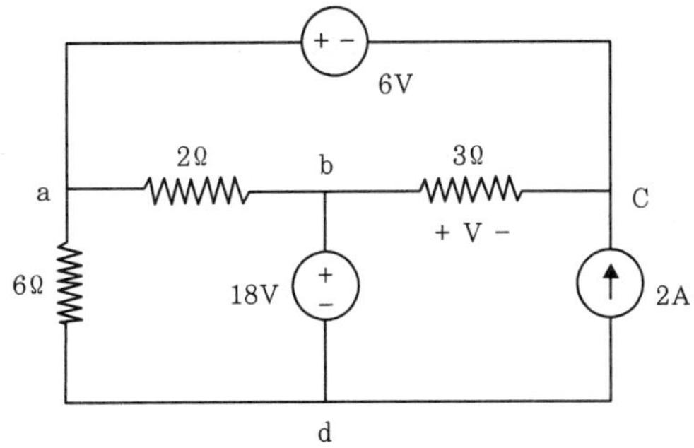

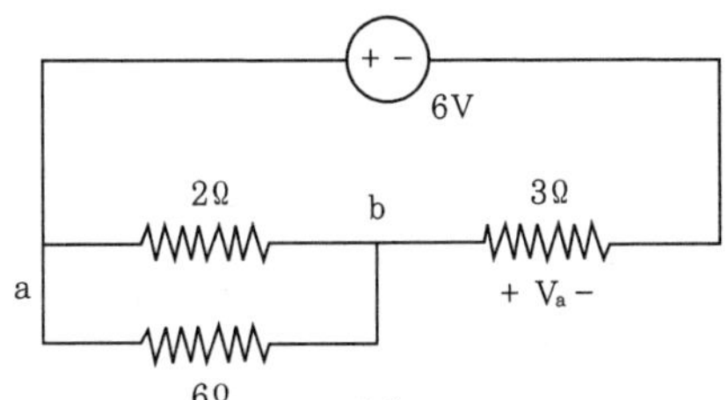

(a)

$V_a = 6\times3/(2//6+3)$
$= 6\times3/(1.5+3)$
$= 4V$

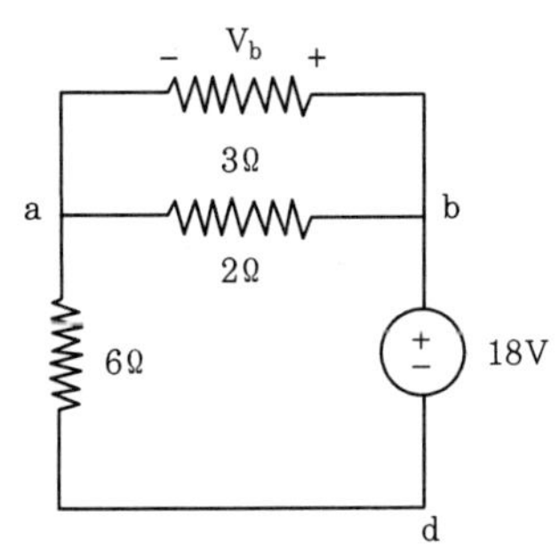

(b)

$V_b = 18\times(3//2)/(3//2+6)$
$= 18\times1.2/(1.2+3)$
$= 3V$

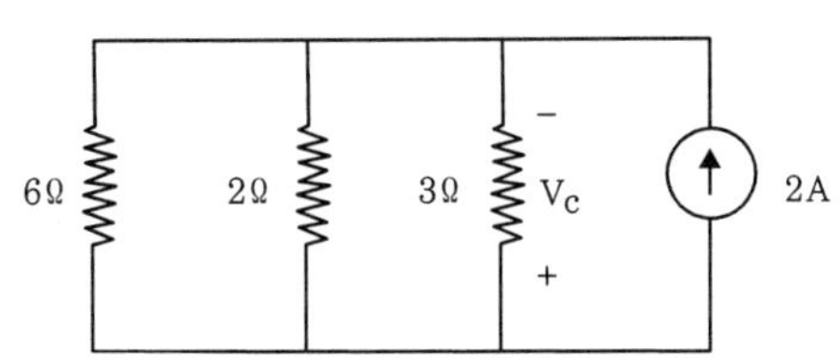

(c)

$V_c = -2\times(3//2//6)$
$= -2\times1/(1/6+1/2+1/3)$
$= -2V$

$$V = V_a + V_b + V_c = 4+3-2 = 5V$$

예) 다음 회로에서 i_x를 구하라.

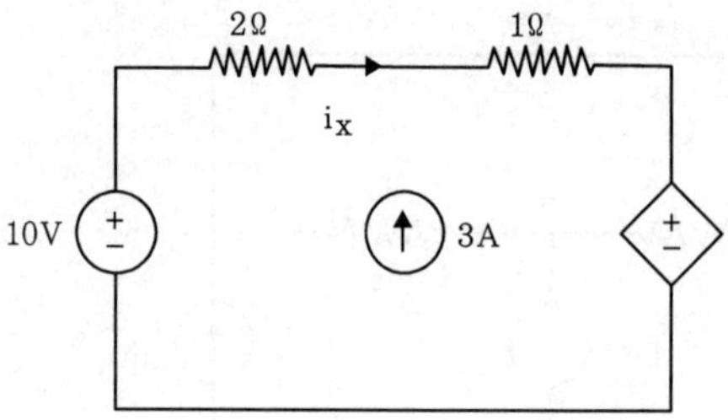

$i_x = i_{x1} + i_{x2} = 1.4A$

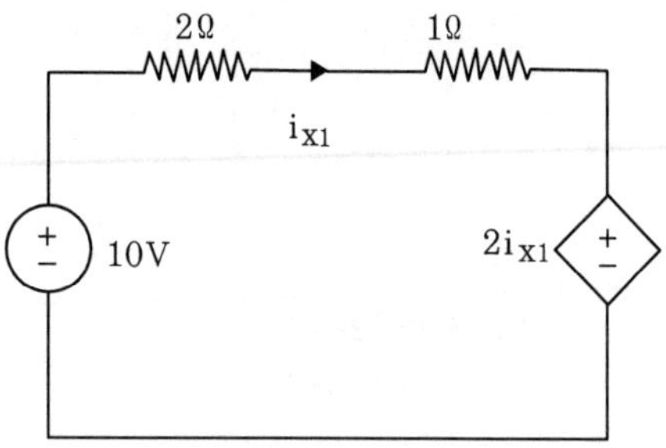

(a)

$-10 + 2i_{x1} + i_{x1} + 2i_{x1} = 0$

$\therefore\ i_{x1} = 2A$

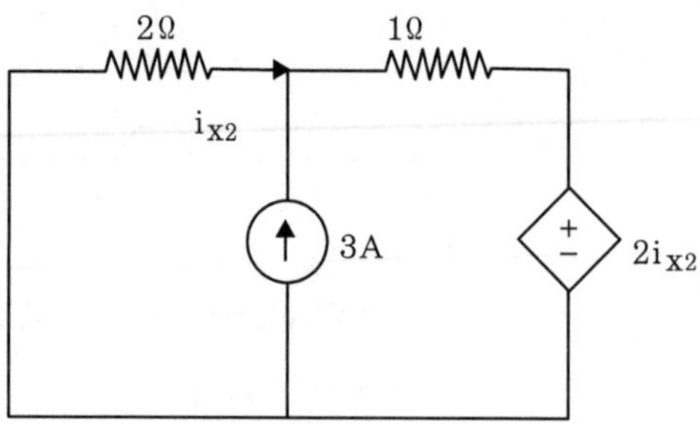

(b)

$2i_{x2} + 1(i_{x2} + 3) + 2i_{x2} = 0$

$\therefore\ i_{x2} = -0.6A$

4. 실험 #7 : 가변저항기 및 중첩의 원리 실험

1) 실험목적

가변저항기의 특성 및 응용 그리고, 직렬 DC 회로에 적용할 중첩의 원리를 실험적으로 검증한다.

2) 실험장비 및 재료

(1) 신호발생기 1대

(2) 오실로스코프 1대

(3) 교류 전류계 1대

(4) 교류 전압계 1대

3) 실험순서

[실험 7-1] 가변저항기

(1) 가변저항기의 특성

① 그림 7-1에 포텐셔미터에 대한 기호와 실제 소자의 외관이 나타나있다. 바깥쪽 두 단자 간의 저항은 최대값으로 고정되어 있으나 중간 이동성 접촉 단자와 바깥쪽 어느 한 단자 간의 저항은 와이퍼암 위치의 함수이다.

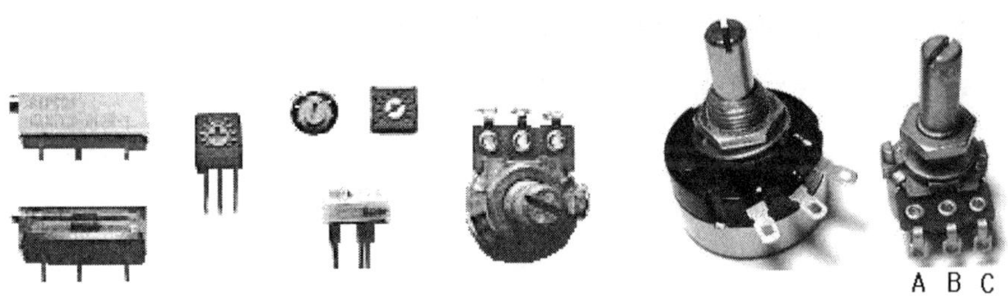

그림 7-1 가변저항기 종류

② 샤프트(shaft)를 최대 시계 방향(CW) 및 최대 반시계 방향(CCW)으로 돌리고 그 위치를 표시하라. 그리고 그림 7-2의 오른쪽 그림과 같이 최대 CCW 위치에서 CW 위치까지 1/4, 2/4, 3/4 회전 위치를 표시하라.

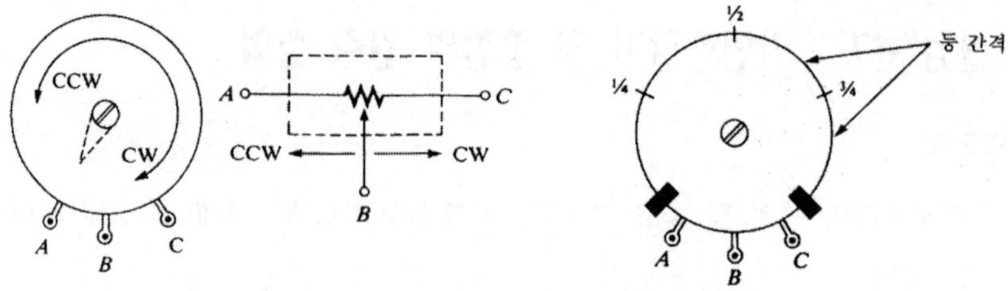

그림 7-2 가변저항기의 샤프트 위치 이동

③ DMM을 사용하여 각각의 설정에 대한 저항을 측정하여 기록하라.

표 7-1 실험 값

가변저항기	측정될 저항		
	R_{AC}	R_{AB}	R_{BC}
최대 CCW(A)			
1/4회전(A에서 C)			
2/4회전(A에서 C)			
3/4회전(A에서 C)			
최대 CW(C)			

④ 위치 대 저항 R_{AC}, R_{AB}, R_{BC}를 [표 7-1]에 나타내라.

⑤ 1/2회전에서 R_{AB} = R_{BC}인가? 같으면 그 이유는 무엇인가?

(2) 전압레벨 조절

① 그림 7-3의 회로망을 구성하라.

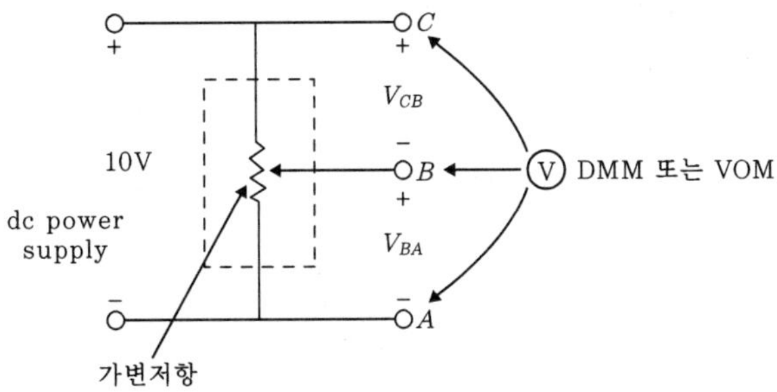

그림 7-3 가변저항 회로

DMM을 사용하여 아래 표에서 지정한 회전자 위치에 대하여 전압을 측정하라.

표 7-2 실험 값

가변저항기 위치 설정	V_{CA}	V_{BA}	V_{CB}
최대 CCW(A)			
1/4회전(A에서 C)			
2/4회전(A에서 C)			
3/4회전(A에서 C)			
최대 CW(C)			

② 위치 대 V_{CA}, V_{BA}, V_{CB} 전압 곡선을 [그래프 7-1]에 나타내라.

③ 어느 전압이 회전자의 위치에 무관한가? 그이유는?

④ V_{BA}와 V_{CB}의 최소치와 최대치는 얼마인가?

(3) 전압 조절

① 그림 7-4의 회로를 구성하라.

아래 표에 지시한 각 단계에서 전압 V_{CB}를 측정하라. 측정한 저항치를 사용하여 전류 I를 계산하라.

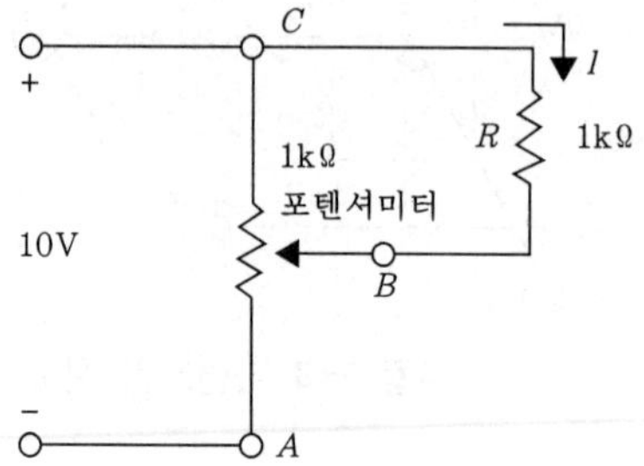

그림 7-4 구성 회로

표 7-3 결과 값

가변저항기 위치 설정	V_{CB}	$I = \dfrac{V_{CB}}{R_{측정}}$
최대 CCW(A)		
1/4회전(A에서 C)		
2/4회전(A에서 C)		
3/4회전(A에서 C)		
최대 CW(C)		

② 위치 대 전압 V_{CB} 및 전류 I 곡선을 아래 [그래프 7-1]에 나타내라.

③ 두 곡선 각각이 선형인가? 비선형인가?

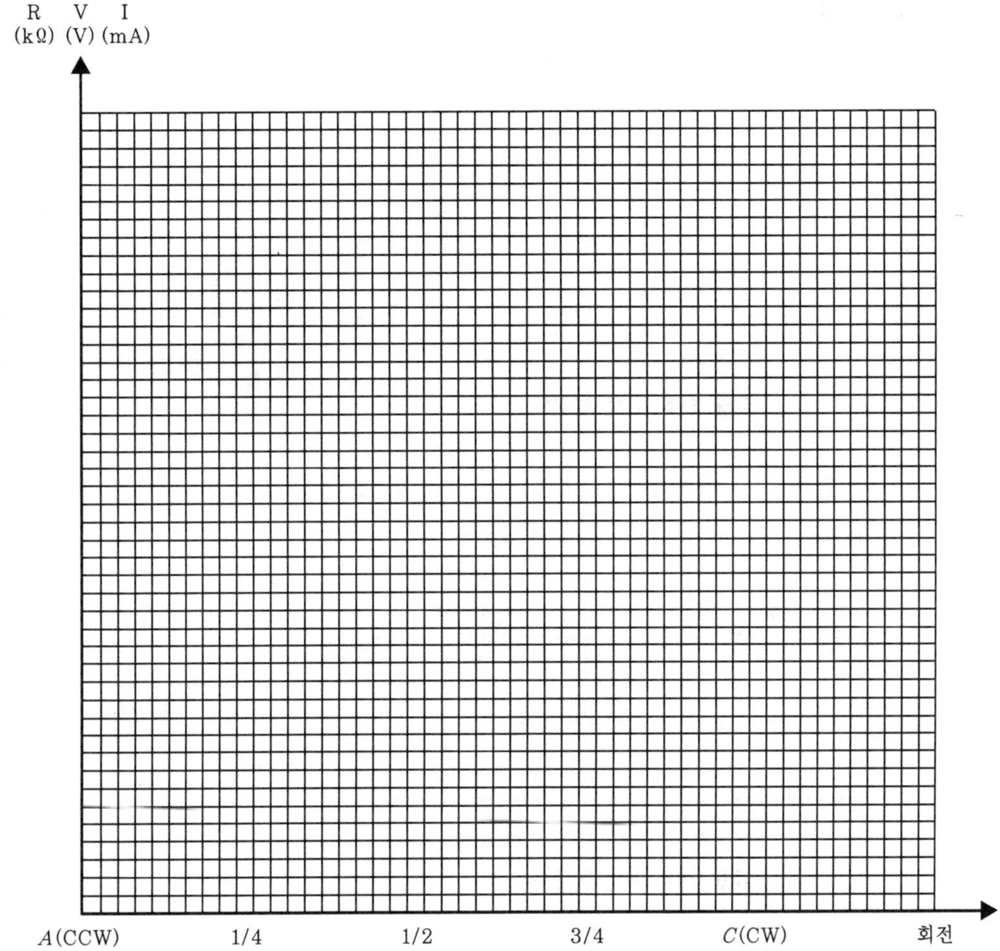

그래프 7-1 위치 대 전압, 전류 곡선 그래프

[실험 7-2] 중첩의 원리

(1) **계산 결과치**

- 그림 7-5에서 각각의 저항기의 측정치를 기입하라.

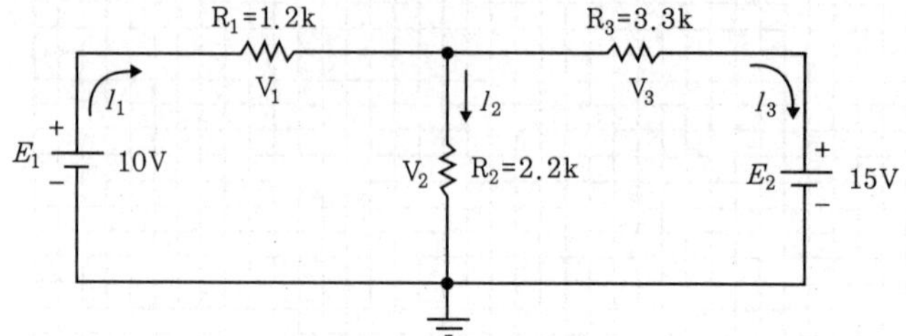

그림 7-5 구성 회로도

측정치
R_1 =
R_2 =
R_3 =

① 전원 E_2에 의한 전류 I_1, I_2, I_3를 그림 7-6의 회로도에서 측정저항치를 사용하여 계산하라.

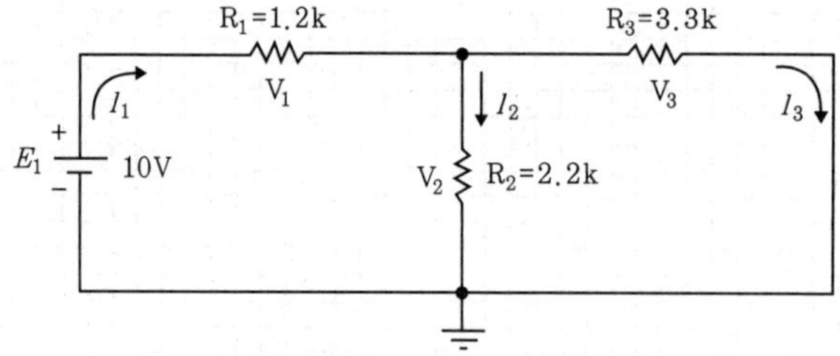

그림 7-6 구성 회로도

계산치
I_1 =
I_2 =
I_3 =

② 전원 E_2에 의한 전류 I_1, I_2, I_3를 그림 7-7의 회로도에서 측정저항치를 사용하여 계산하라.

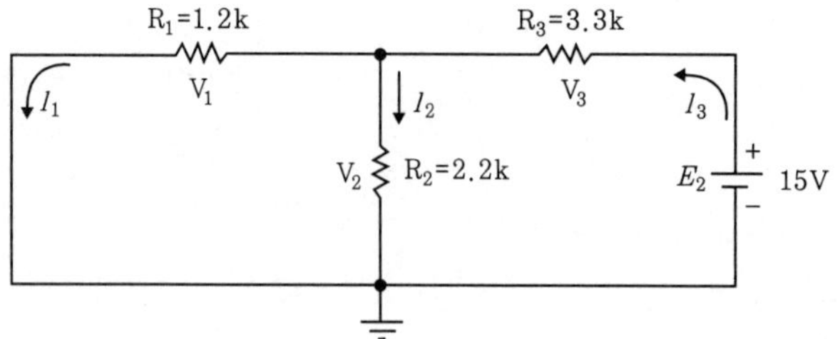

그림 7-7 구성 회로도

계산치
I_1 =
I_2 =
I_3 =

③ 위 1(a)와 1(b)의 계산 결과를 이용하여 그림 7-5의 회로망에 대한 I_1, I_2, I_3를 결정하라.

I_1 = ________________

I_2 = ________________

I_3 = ________________

④ 위 1(a) 결과를 이용하여, 각 저항기 양단 전압을 Ohm의 법칙을 사용하여 계산하라. 그림 7-6에 V_1, V_2, V_3의 극성을 기입하라.

V_1 = ________________

V_2 = ________________

V_3 = ________________

⑤ 위 1(b) 결과를 이용하여, 각 저항기 양단 전압을 Ohm의 법칙을 사용하여 계산하라.

그림 7-7에 V_1, V_2, V_3의 극성을 기입하라.

V_1 = ________________

V_2 = ________________

V_3 = ________________

⑥ 위 1(d)와 1(e)의 결과를 이용하여, 그림 7-5의 회로망에 대한 V_1, V_2, V_3를 결정하라.

V_1 = ________________

V_2 = ________________

V_3 = ________________

(2) 측정 결과치

① 그림 7-6의 회로를 구성하고, 전압 V_1, V_2, V_3를 측정하라.

$V_{1(측정값)}$ = ________________

$V_{2(측정값)}$ = ________________

$V_{3(측정값)}$ = ________________

1(d)의 결과와 비교하여 어떠한가?

② 그림 7-7의 회로를 구성하고, 전압 V_1, V_2, V_3를 측정하라.

$V_{1(측정값)}$ = ________________

$V_{2(측정값)}$ = ________________

$V_{3(측정값)}$ = ________________

1(e)의 결과와 비교하여 어떠한가?

③ 그림 7-5의 회로를 구성하고, 전압 V_1, V_2, V_3를 측정하라.

$V_{1(측정값)}$ = ________________

$V_{2(측정값)}$ = ________________

$V_{3(측정값)}$ = ________________

1(f)의 결과와 비교하여 어떠한가?

④ 2(a)의 측정치로부터 전류 I_1, I_2, I_3를 계산하라.

I_1 = ________________

I_2 = ________________

I_3 = ________________

1(a)의 결과와 비교하여 어떠한가?

⑤ 2(b)의 측정치로부터 전류 I_1, I_2, I_3를 계산하라.

I_1 = ________________

I_2 = ________________

I_3 = ________________

1(b)의 결과와 비교하여 어떠한가?

⑥ 2(c)의 결과로부터 전류 I_1, I_2, I_3를 계산하라.

I_1 = ________________

I_2 = ________________

I_3 = ________________

1(c)의 결과와 비교하여 어떠한가?

질문 중첩의 원리가 이번 실험의 결과에 의하여 실증되는가? 위 실험결과를 이용하여 자세히 설명하라.

제Ⅱ부

6족 로봇 "Stiquito" 설계/제작

08
니티놀 기초

Practice of Baisic Mechatronics

새로 발명된 "로봇 근육"이 실용 가능하고 강력하며 초경량이라는 사실이 처음 발표되었을 때, 사람들의 반향은 이러했다. "이제 좀 근사한 로봇을 볼 수 있겠구나."

– Mark Tilden, 로봇 공학자

가. 기초 지식

1) 머리말

이 책의 내용은 소형이면서 저렴하고 무게가 얼마 나가지 않는 곤충 로봇에 관한 것이다. 스티키토와 같은 작은 로봇은 일반적으로 압축 공기나 바퀴 동력을 사용하지 않는다. 때때로 매우 작은 모터를 사용하기는 한다. 그러면 곤충 로봇이 어떻게 생겼을지 한번 상상해보자. 아마도 당신은 근육을 사용해서 여기저기 기어 다니는 날씬하고 작은 곤충을 생각할 수 있을 것이다.

실제 근육의 움직임을 그대로 흉내 내는 추진력이 얼마 전까지는 존재하지 않았다. 그런데 니티놀이라는 새로운 물질이 근육의 움직임을 모방하고 있다. 니티놀은 열을 가하면 수축하고 식히면 원래 크기로 되돌아가는 특성을 가지고 있다. 원래 크기로 복원하기 위해서는 약간의 역방향의 힘이 필요하다. 이 새로운 물질은 모터를 사용해서는 만들 수 없는 작은 보행 로봇을 대량으로 양산해 내고 있다. 이런 로봇들 중에 스티키토와 스티키토 II, 보리스, 그리고 스콜피오가 포함되어 있는데, 그림 8-1에서 보는 바와 같다.

이 장은 니티놀 사용에 관하여 논의하고 그 사용법에 관한 몇 가지 실험을 다루고 있다. 니티놀의 특성과 그 작용 방식에 대한 이해를 하게 되면, 스티키토나 다른 곤충 로봇을 만드는 데 도움이 될 것이다.

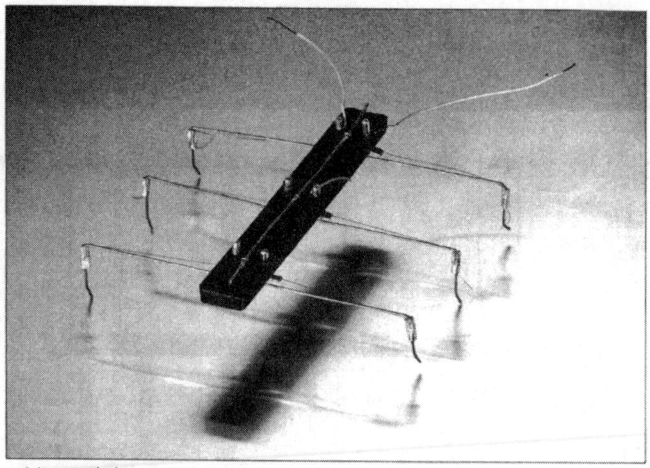

(a) 스티키토

(b) 보리스

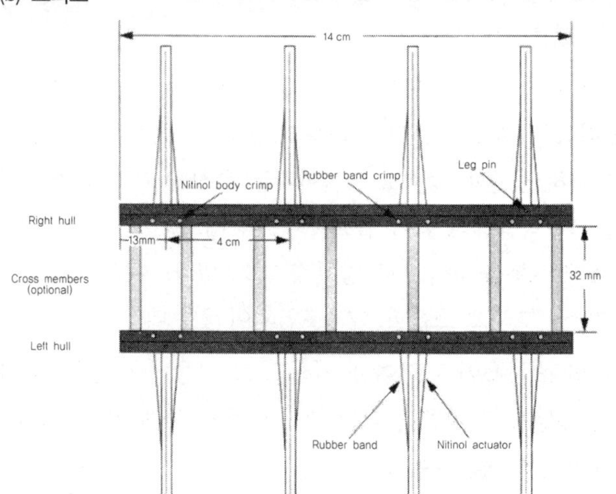

(c) 스콜피오

그림 8-1 니티놀로 만들어진 곤충 로봇 세 가지

2) 니티놀과 프렉시놀(Flexinol™) 작동자(actuator) 와이어

니티놀은 니켈과 티타늄의 합금으로 만들어진 형상기억 작동자 와이어이다. 이 가느다란 와이어는 전기에 의해 가열되면 근육처럼 수축된다. 이렇게 휘거나 줄어드는 특성은 일정한 온도에서 그 내적 구조를 동적으로 변환시키는 합금 물질들에 나타나는 특징이다. 니티놀을 원래의 길이나 모양으로 되돌리기 위해서는 역방향의 힘 또는 바이어스가 필요하다.

니티놀 와이어는 전류에 의해 발생되는 열을 역학적 동작으로 변환시킨다. 전기로 온도를 상승시키는 개념은 백열전구에도 사용되는 것이다. 니티놀 와이어는 가열되면 빛을 내는 대신에 그 길이가 적은 비율로 수축되고, 냉각되면서 쉽게 다시 늘어난다. 백열전구의 필라멘트처럼 니티놀은 가열과 냉각에 대하여 신속하게 반응한다. 가열된 니티놀 와이어는 일반적인 열팽창과는 반대 방향으로 작용하면서, 백배 정도 크고, 또 크기에 비해 엄청나게 큰 힘을 발휘한다. 그림 8-2에 그 기반 기술이 묘사되어 있다. 결국, 요지는 움직임이 조용하고 부드러우면서 강력하고, 또 그 물질의 "고체 상태"를 유지하면서 내부 구조를 바꿔 동작을 만들어낸다는 사실이다.

니티놀 와이어의 기능은 니켈-티타늄 족의 어떤 합금 물질들이 갖는 형상 기억 특성에 기반을 두고 있다. 합금 물질에 존재하는 니켈과 티타늄의 비율이 정확하게 1:1이면, 그 물질은 결정형 구조를 갖게 된다. 이 결정형 구조는 특정한 온도에서 다른 결정형 구조로 변환(마텐자이트 변태, martensitic transformation)되는데, 그 온도는 합금 물질의 구성에 의해 정밀하게 결정된다. 변환온도 이상에서 갖게 되는 결정형 구조(오스테나이트, austenite) 상태에 있을 때 이 물질은 강한 내구성을 갖고 쉽게 변형되시 않는다. 역

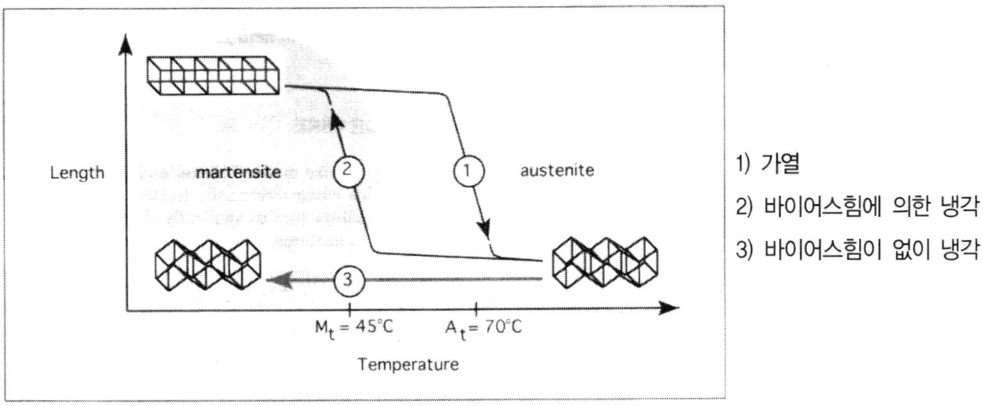

그림 8-2 Flexinol™의 운용사이클

학적으로 스테인레스 강과 같은 특성을 띠게 된다. 그러나 변환온도 이하에서는 이 물질이 다른 결정형 구조(마텐자이트)의 상태로 존재하게 되며 적은 비율로 변형될 수 있다. 이 변형 작용은 그 물질이 가열되어 변환되게 되면 거꾸로 되돌려질 수 있는 특이한 것이다. 이 합금의 저온 상태 결정형 구조가 쉽게 변형될 수 있기 때문에 그 "기억" 특성이 비교적 적은 외부압력으로도 물질에 입력될 수 있다.

프렉시놀(Flexinol™)은 니티놀 합금의 개량된 형태이며, 움직임과 내구성이 향상된 작동자 와이어이다. 프렉시놀 와이어의 수축은 사용되는 와이어의 길이에 대한 비율로 측정되며, 와이어를 변형시키거나 저온에서 다시 늘리려고 할 때 드는 압력의 정도에 의해 부분적으로 결정된다. 대부분의 실제 사용에서 바이어스 힘은 와이어에 지속적으로 가해지며, 와이어가 냉각되는 때에 이 바이어스 힘은 와이어를 늘린다. 만약 와이어가 냉각되는 때에 아무 힘도 가해지지 않으면 상온 상태에서 매우 적은 정도만의 변형 즉, 늘림이 일어나게 되고, 그에 따라 다시 가열할 때 매우 적은 수축만 일어나게 된다. 일정한 정도까지는 부하가 커지면서 스트로크도 길어진다. 와이어의 힘, 그 인장력, 그리고 와이어를 다시 길게 늘이는 데 필요한 바이어스 힘은 와이어의 크기 또는 단면적에 대한 함수로 나타낸다. 변형 과정이 그림 8-2에 나타나 있다.

스트로크에 있어서 보다 중요한 것은 와이어가 어떤 모양으로 접합되어 있고 어떻게 작동하도록 만들어져 있는가 하는 것이다. 또한 적용되는 압력과 지렛대 작용이 작동자 와이어가 움직이는 거리를 결정한다. 프렉시놀이 수축할 때 그 세기를 증가시키는 일반적인 바이어스 스프링은 대개 3%-4% 정도의 스트로크를 유도하지만, 작동자 와이어가 수축할 때 세기가 감소하는 역방향 바이어스 힘은 와이어를 7%까지 수축시킬 수 있다. 와이어가 사용되는 기구의 역학 구조는 이 작은 스트로크를 와이어 길이 전체에 대한 움직임으로 변환시킬 수 있으며 동시에 역방향 바이어스 힘을 제공한다. 프렉시놀이 만들어내는 압력이나 힘은 지렛대를 사용하여 강력하면서도 꽤 의미 있는 움직임을 만들어내기에 충분한 정도의 힘이다. 다음 표 8-1에는 몇 가지 기본 구조, 움직임의 비율, 그리고 와이어 크기에 따른 대략적인 가용력이 표시되어 있다.

표 8-1 프렉시놀의 스트로크와 가용력

	Approximate Stroke	0.004″ Wire	0.006″ Wire	0.008″ Wire	0.010″ Wire
Dead Weight Bias	4%	150g	330g	590g	930g
Leaf Spring Bias	7%	150g	330g	590g	930g
Simple Lever (6:1 ratio)	30%	22g	47g	84g	133g

3) 전기부하에 대한 가이드라인

프렉시놀을 표 8-2에 제시된 가이드라인에 맞추어 사용하면 수천만 번이라도 와이어를 수축시켰다가 다시 팽창시킬 수 있다. 만약 가이드라인보다 높은 압력이나 힘이 가해지면 기억 특성이 서서히 감소하게 되어 수백 혹은 수천 번 정도 밖에 좋은 결과를 얻을 수 없다. 순환 주기 동안 와이어에서 일어나는 영구적인 변형은 와이어에 부과된 압력과 와이어가 작동하는 온도에 대한 함수로 나타난다. 프렉시놀은 이런 영구적인 변형을 최소화하도록 특수처리되었지만, 그래도 압력이나 온도가 너무 높으면 약간의 영구적인 변형이 일어날 수 있다. 온도가 와이어에 흐르는 전류 밀도와 직접적으로 관련되어 있으므로 열을 가할 때 와이어를 지나치게 가열하지 않도록 주의해야 한다. 표 8-2에는 와이어 크기에 따른 전류량과 얻을 수 있는 힘의 세기에 대한 대략적인 가이드라인이 표시되어 있다.

수축 시간은 전류에 직접적으로 관련되어 있다. 표 8-1에 나타난 숫자들은 실내온도, 공기 흐름, 사용되는 기구의 열 냉각 방법에 따라 달라질 수 있는 대략적인 것이다. 오스테나이트 변형온도 A_t 이상으로 와이어를 가열하는 데 대략 1초 정도 걸리는 전류는 그대로 남겨 놓아도 와이어를 과열시키지 않을 수 있다.

표 8-2 프렉시놀의 전기적인 특징

Wire Diameter Size	Resistance in Ohms per inch	Maximum Pull/Force	Approximate Current at Room Temperature	Contraction Time	Off Time 70℃ Wire	Off Time 90℃ Wire
0.004″	3	150g	180mA	1sec.	0.8sec.	0.4sec.
0.006″	1.3	330g	400mA	1sec.	2.0sec.	1.2sec.
0.008″	0.8	590g	610mA	1sec.	3.5sec.	2.2sec.
0.010″	0.5	930g	1000mA	1sec.	5.5sec.	3.5sec.

4) 순환 주기 시간

프렉시놀은 오직 가열에 의해서만 수축되고, 냉각에 의해서만 이완된다. 와이어는 와이어의 온도에 따라 사실상 순간적으로 수축 이완된다. 결과적으로, 순환 시간은 온도 변화에 의존하며 그에 직접 연관되어 있다. 와이어가 매우 빠르게 가열될 수 있기 때문에, 문제가 될 수 있는 소지는 가열이 일어나는 비율이 아니라 그런 급속한 움직임에 의해 생성되는 압력에 있다. 만약 와이어가 너무 빠르게 수축하게 되면, 부하에서 생기는 관성이 와이어에 과부하를 걸게 된다. 고속 수축을 얻으려면 관성은 낮아야 하고 전류는 짧고 강해야 한다. 그러므로 와이어를 1 millisecond만에 실온에서 섭씨 100°까지 가열하는 전류는 잠시만 그대로 켜 두어도 와이어를 훨씬 뜨겁게 만들 것이다.

기구들이 서로 다른 가열 및 냉각 조건을 가지고 있지만, 단순한 관찰만으로도 과열을 방지할 수 있다. 아주 짧은 시간 동안 와이어 내부에서 일어나는 온도 변화를 측정하는 것은 어려운 일이다. 그러나 와이어에 전류를 끊었을 때 와이어가 즉시 냉각되면서 이완되는지를 살펴봄으로써 와이어가 과열되는지를 분별할 수 있다. 만약 전원을 끊었을 때 와이어가 이완되면서 늘어나는 것이 보이지 않는다면 와이어는 필요 이상으로 과열된 것이고 쉽게 손상될 수 있다.

프렉시놀 와이어가 구리나 다른 전도체에 비하여 높은 저항을 갖고 있기는 하지만, 여전히 전도체로서 전류를 쉽게 흘려보낼 수 있다. 와이어를 수돗물에 담근 상태에서 충분한 전류만 흘려보내면 와이어를 쉽게 가열할 수 있다. 전기에 의한 가열에 따르는 모든 규칙들이 와이어에도 동일하게 적용되는데, 한 가지 예외는 변형온도 이상으로 계속 가열하면 저항이 감소된다는 것이다. 이는 일반적으로 온도가 상승하면 저항도 상승하는 것과 반대되는 현상이다. 저항이 이렇게 떨어지는 이유의 한 가지는 와이어가 줄어들었기 때문이고 또 다른 한 이유는 와이어가 줄어들면서 동일한 3차원적 부피를 유지하기 위하여 두꺼워지기 때문이다. 교류, 직류 혹은 파장 폭이 조정된 전류 어떤 것을 사용하더라도 와이어에 미치는 결과는 같다.

이완 시간은 냉각 시간과 동일하다. 냉각은 히트싱킹(heat sinking)과 디자인 요소에 의하여 지대한 영향을 받는다. 냉각 속도를 개선하는 가장 쉬운 방법은 더 작은 지름의 와이어를 사용하는 것이다. 지름이 작으면 작을수록, 와이어는 질량 대비 표면적이 늘어나게 되고 그만큼 와이어는 더 빨리 식는다. 더 큰 힘을 얻기 위하여 와이어를 추가적으로 사용하거나 여러 개를 병렬로 연결해 사용할 수도 있다. 이완 혹은 냉각을 개선할 수 있는 또 다른 요소는 더 높은 온도의 와이어를 사용하는 것이다. 이 와이어는 더 높은 온도에서 수축과 이완을 하는 것이다. 따라서 주변온도와 와이어온도 사이의 차이가 크면 클수록 그에 따라 와이어의 열이 큰 폭으로 감소하게 되고 또 변환온도 이하로 더 빠르게 내려가게 될 것이다.

냉각을 개선할 수 있는 또 다른 방법으로는 공기, 히트싱킹, 압력 증가(이렇게 하면 변환온도를 올려서 효과적으로 합금을 더 높은 온도에서 변환되는 와이어로 만들 수 있다), 그리고 액체 냉각수를 사용하는 방법들이 있다.

5) 그 외 세부사항

(1) 절단

프렉시놀은 매우 단단하고 부식되지 않는 물질이다. 너무 단단해서 구리나 다른 부드러운 전도체를 자르는 데 사용되는 절단기를 사용하면 절단기가 손상될 것이다. 프렉시놀 와이어를 다루는 일이 많다면 스테인레스 강철 와이어를 자르는데 쓰이는 것과 같은 아주 좋은 품질의 절단기를 구입하는 것이 좋다.

(2) 부착

프렉시놀 와이어를 부착시키고 전기를 연결하는 방법에는 여러 가지가 있다. 나사를 사용할 수도 있고, 쐐기를 사용하여 PC 판에 부착시킬 수도 있으며, 도체 에폭시를 사용하여 붙일 수도 있고, 심지어는 매듭으로 묶을 수도 있다. 가장 간단하면서 좋은 방법은 크림핑(crimping)이나 꼬아잇기(splicing) 방식을 사용하는 것이다. 크림핑 기계를 사용하면 전기선과 후크 또는 다른 접합물을 동시에 접합시킬 수 있다. 프렉시놀 와이어는 매우 강한 물질이고 크림핑 접는 과정에서 손상되는 일도 없다.

프렉시놀은 동일한 부피를 유지하려는 특징이 있다. 그래서 길이 축으로 수축될 때 지름이 늘어난다. 그러면 와이어가 크림핑으로 접혀 연결된 부분 안에서 팽창하게 되고 강도가 증가하면 할수록 더 강하게 붙들게 된다. 이런 특성이 크림핑 방식에서는 강점으로 작용하지만, 접착제를 사용하거나 납땜을 했을 때는 연결 부위가 헐거워지면서 단점으로 작용하게 된다.

(3) 연결하기

프렉시놀을 가열하면 그 온도가 종종 섭씨 100°를 넘게 된다. 그러면 와이어는 그것이 접합되어 있는 기구의 작은 부분에 강한 힘을 가한다. 그러므로 와이어를 연결할 때 온도에 대한 저항력이 있는 물질을 사용하는 것이 좋다. 또한 그런 재료들을 와이어에 직접 연결할 때는 부도체를 사용하는 것이 좋은데, 그래야만 프렉시놀 와이어 주위로 전류가 흐르는 것을 막을 수 있기 때문이다. 실리콘 고무, 유연 회로 기판을 만들 때 쓰는 재료, 세라믹, 유리와 같은 것들이 좋은 예들이다.

(4) 역방향 바이어스

프렉시놀 와이어는 무게가 나가는 것을 끌어 올리거나 항구적인 힘에 대하여 작용할 때 약 4.5% 정도 수축한다. 이런 부하가 바이어스 힘이 되어서 와이어가 냉각될 때 와이어를 원래 길이로 되돌리게 된다. 스트로크의 길이는 역방향 힘을 갖는 기구들을 사용함으로써 개선될 수 있다. 바이어스 힘은 마텐자이트 단계에서 와이어의 길이를 늘려 원래 모양으로 되돌리는 힘이다. 역방향 바이어스 힘은 스트로크가 길어짐에 따라서(즉, 무게가 있는 것을 끌어올리거나 항구적인 힘에 대하여 작용하는 실험을 할 때와 같이 고정된 불변의 값이 아니다) 점점 약해지는 힘이다. 이는 겹판 스프링을 사용하거나, 니티놀 와이어가 그 스트로크가 길어짐에 따라 바이어스 스프링에 대하여 더 좋은 역학적인 확대율을 갖도록 기구를 고안함으로써 얻어질 수 있다.

6) 프렉시놀을 이용한 실험

로봇을 만들 때 중요한 부분 중의 하나는 프렉시놀이 어떻게 작동하는지를 이해하는 것이다. 배움의 가장 좋은 방법은 직접 해보는 것이므로, 우리는 아래 세 가지 실험을 수행함으로써 프렉시놀에 대한 이해를 돕고자 한다. 실험은 세 개의 서로 다른 역학적 환경으로 구성되어 있다. 그러나 모두 그림 8-3의 회로 구조를 사용한다.

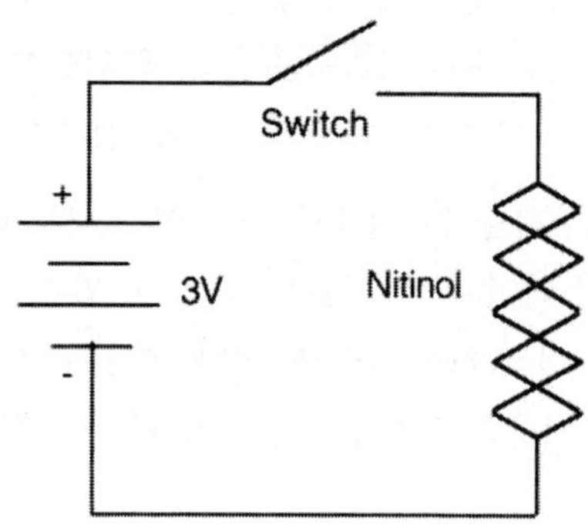

그림 8-3 모든 실험에 공통으로 사용되는 구조

실험을 수행하기 위해서는 다음과 같은 재료들이 필요하다. 각 실험은 다음 재료들 중에서 일부분을 사용하게 될 것이다. 다음 재료들은 모두 스티키토 교육재료 상자(Stiquito Educational Kit)에 포함되어 있다.

- 길이 4인치(약 100mm), 지름 0.004인치 프렉시놀 와이어 한 개. 이미 크림핑 처리가 되어 있고, 절연선이 연결되어 있는 것(Dynalloy, Inc에서도 구할 수 있다). 몇 개를 사서 가지고 있어도 좋다.
- 필요한 만큼의 와이어 랩 와이어(wire wrap wire)
- 길이 4인치(약 100mm), 지름 0.032인치 피아노선(스프링 와이어) 한 개. K&S Engineering No. 501과 같은 것.

- 낮은 전압의 모멘터리 스위치(momentary switch) 한 개.
- 동전 담을 수 있는 비닐 봉지 한 개.

※ 다음 재료들도 꼭 필요한 것들이다.

- AA 건전지 두 개
- AA 건전지 두 개 담을 수 있는 케이스
- 압정 5개
- 2×4×12 인치 나무 판 한 개
- 1센트 동전, 혹은 질량 2.5g인 다른 재료 20개
- 지렛대로 사용할 수 있는 3×1/2인치가 되는 나무조각, 판지, 플라스틱, 혹은 금속 조각

※ 필요한 도구는 집게(needle-nose plier) 밖에 없다.

나. 기초 실험들

1) 실험 1 : 사중량(Dead weight) 끌어올리기

이 실험은 사중량 50g을 끌어올리며 와이어가 수축되는 거리를 측정하는 실험이다. 150g 만큼의 가용력을 갖는 0.004인치 지름의 프렉시놀을 사용한다. 프렉시놀의 길이를 원래 상태로 되돌리는 데 가용력의 3분의 1에 해당하는 힘이 필요하므로, 50g의 질량을 사용한다. 이 실험은 위에서 나열한 재료를 피아노선과 지렛대만 제외하고 모두 사용한다.

※ 이 실험을 위해 먼저 다음과 같이 실험준비를 해야 한다(그림 8-4 참조).

1. 비닐봉지에 동전 20개를 모두 넣고 비닐봉지를 프렉시놀 와이어의 한쪽 끝 고리에 묶는다.
2. 압정을 사용하여 프렉시놀의 다른 한쪽 끝을 2×4인치 판의 위쪽에 고정한다. 동전 주머니가 와이어에 매달려 있는지 확인한다. 비닐봉지가 테이블에 닿지 않도록 주의한다.

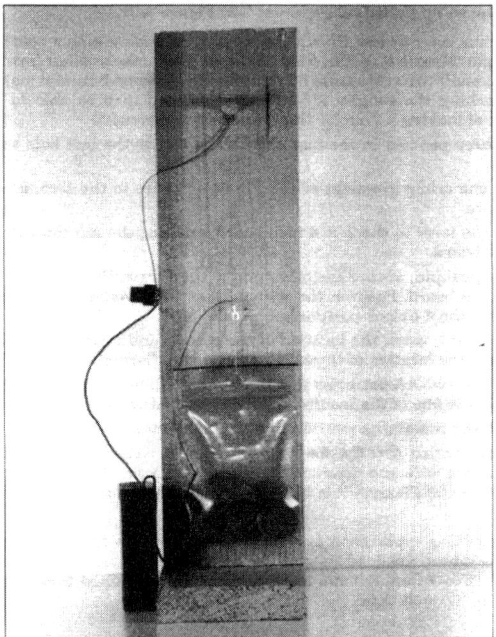

그림 8-4 프렉시놀로 사중량 끌어올리기

3. 연필로 와이어 아래쪽 끝의 고리가 있는 위치를 표시한다. 나중에 프렉시놀을 가열한 후 이 위치를 다시 표시하게 될 것이다.
4. 건전지 두 개를 케이스에 넣은 후, 프렉시놀에 연결된 절연선 하나에 건전지 선 하나를 연결한다.
5. 나머지 두 선을 모멘터리 스위치에 연결한다.
6. 스위치를 1초가 넘지 않도록 *순간적으로* 누른다. 와이어가 수축되는 정도를 관찰한다. 프렉시놀이 가열되었을 때 아래쪽 고리 구멍의 위치를 표시한다. 와이어를 다시 가열하기 전에 충분히 식힌다.

이 실험의 결과는 와이어가 큰 질량을 끌어 올릴 수 있지만, 그 거리는 매우 짧다는 것을 보여준다. 프렉시놀이 수축할 수 있는 정도는 2%에서 4%, 혹은 2mm에서 4mm 밖에 되지 않는다.

2) 실험 2 : 지렛대 사용하기

이 실험은 지렛대를 사용하여 사중량을 끌어 올리는 것이다. 지렛대가 움직이는 거리를 측정하게 된다. 0.004인치 지름의 프렉시놀을 사용하는데, 이 와이어는 6:1 비율의 지렛대를 사용할 때 22g의 가용력을 갖는다. 프렉시놀의 길이를 원래로 되돌리는 데 3분의 1 만큼의 힘이 필요하므로 1센트 동전 3개에 해당하는 7.5g을 사용한다. 이 실험은 피아노선과 남은 동전들을 제외한 다른 모든 재료들을 사용한다.

※ 이 실험은 다음과 같이 준비한다(그림 8-5 참조).

1. 지렛대에 피봇 포인트를 찾아서 압정이 들어갈 정도의 구멍을 만든다. 프렉시놀을 걸 수 있도록 피봇 포인트에서 10mm 간격을 두고 다른 구멍을 만든다. 이 두 번째 구멍에서 다시 50mm 간격을 두고 세 번째 구멍을 만들어 물체를 걸 수 있게 만든다. 지렛대로 나무를 사용하면 프렉시놀과 물체를 걸 구멍을 만드는 대신에 압정을 사용할 수도 있다.
2. 가방에 1센트 동전 3개를 넣고 지렛대의 마지막 구멍에 와이어 랩 와이어를 사용하여 고정한다.
3. 프렉시놀 와이어의 한쪽 끝 고리를 지렛대의 두 번째 구멍에 와이어 랩 와이어를 사용하여 고정한다.
4. 지렛대를 2×4 인치 판의 첫째 구멍에 압정을 사용하여 고정한다.

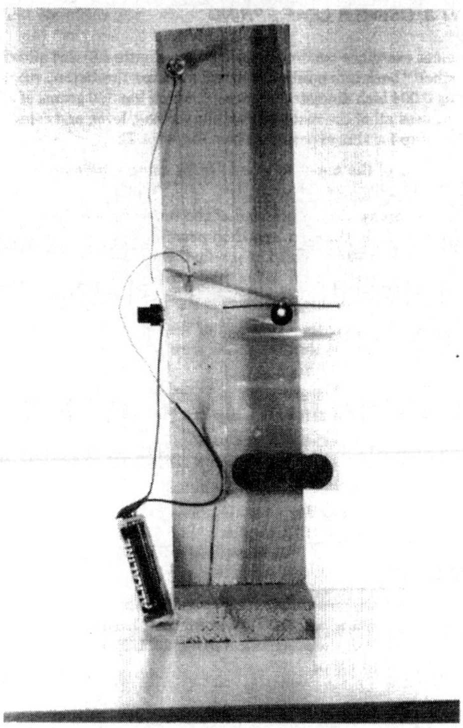

그림 8-5 프렉시놀로 간단한 지렛대 끌어올리기

5. 압정을 사용하여 프렉시놀 와이어의 다른 쪽 끝을 2×4인치 판의 위쪽에 고정시킨다. 와이어를 고정시킬 때 지렛대가 수평에서 30° 정도 기울도록(4시 방향) 만든다.
6. 연필로 둘째 셋째 구멍의 위치를 표시한다. 나중에 프렉시놀이 가열되었을 때 이들의 위치를 다시 표시하게 될 것이다.
7. 건전지 두 개를 케이스에 넣은 후, 프렉시놀에 연결된 절연선 하나에 건전지 선 하나를 연결한다.
8. 나머지 두 선을 모멘터리 스위치에 연결한다.
9. 스위치를 1초가 넘지 않도록 *순간적으로* 누른다. 와이어가 수축되는 정도를 관찰한다. 프렉시놀이 가열되었을 때 둘째 셋째 구멍의 위치를 표시한다. 와이어를 다시 가열하기 전에 충분히 식힌다.

이 실험은 와이어가 작은 질량을 끌어올리는 데 사중량 보다는 더 멀리 끌어 올릴 수 있다는 것을 보여준다. 프렉시놀이 수축하는 길이는 2%에서 4%, 혹은 2mm에서 4mm

정도이지만, 지렛대에서 얻어지는 역학적 움직임은 그것의 6배, 혹은 12~24mm 정도가 될 것이다.

3) 실험 3 : 겹판 스프링(Leaf spring) 사용하기

이 실험은 프렉시놀 와이어가 스프링을 끌고, 스프링이 다시 프렉시놀 와이어를 끌어 원래 자리로 되돌리는 것을 관찰한다. 스프링이 움직이는 거리를 측정하게 된다. 150g 만큼의 가용력을 갖는 0.004인치 지름의 프렉시놀을 사용한다. 이 실험은 비닐봉지, 지렛대, 동전을 제외한 다른 모든 재료를 사용한다.

※ 이 실험을 위한 준비는 다음과 같이 한다(그림 8-7 참조).

1. 집게로 피아노선의 양쪽 끝을 구부려 그림 8-6에서와 같이 고리를 만든다.
2. 압정 4개를 사용하여 피아노선의 한쪽 끝을 2×4인치 판에 고정한다. 압정 한 개를 피아노선의 고리 속에 넣고, 와이어를 고정할 수 있도록 나머지 압정 세 개를 약간의 각을 두고 판에 고정한다. 고리에서 가장 멀리 위치한 압정이 피아노선의 다른 쪽 끝에서 100mm를 넘을 수 없다.
3. 프렉시놀의 한 쪽 끝을 피아노선의 고리에 건다.
4. 압정을 사용하여 프렉시놀의 다른 쪽 끝을 2×4인치 판에 고정한다. 피아노선이 약간 휘는 듯하며 프렉시놀이 약간 당겨지는 느낌이 되도록 압정을 사용한다.
5. 연필을 사용하여 프렉시놀과 와이어 고리의 위치를 표시한다. 나중에 프렉시놀이 가열되었을 때 이 고리의 위치를 관찰하게 될 것이다.
6. 건전지 두 개를 케이스에 넣은 후, 프렉시놀에 연결된 절연선 하나에 건전지 선 하나를 연결한다.
7. 나머지 두 선을 모멘터리 스위치에 연결한다.
8. 스위치를 1초가 넘지 않도록 순간적으로 누른다. 와이어가 수축되는 정도와 스프링이 당겨지는 거리를 관찰한다. 프렉시놀이 가열되었을 때 피아노선 고리의 위치를 표시한다. 와이어를 다시 가열하기 전에 충분히 식힌다.

이 실험은 프렉시놀 와이어가 피아노선을 사중량 보다 더 멀리 끌 수 있다는 것을 보여준다. 프렉시놀이 수축하는 길이는 2%에서 4%, 혹은 2mm에서 4mm 정도이지만, 피아노선에서 얻어지는 역학적 움직임은 4%에서 7%, 대략 4~7mm 정도가 될 것이다.

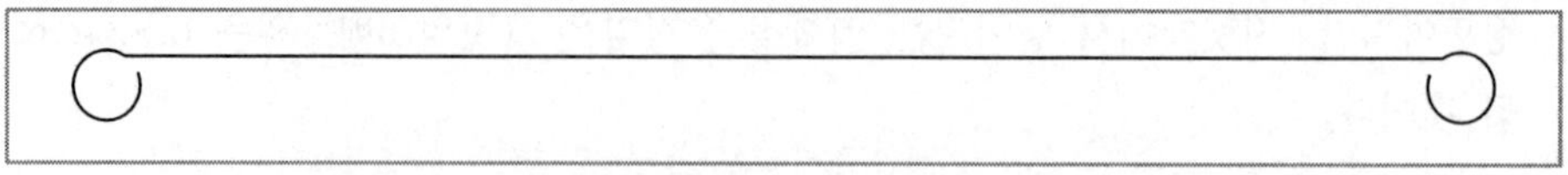

그림 8-6 겹판 스프링을 만들기 위하여 피아노선을 구부리기

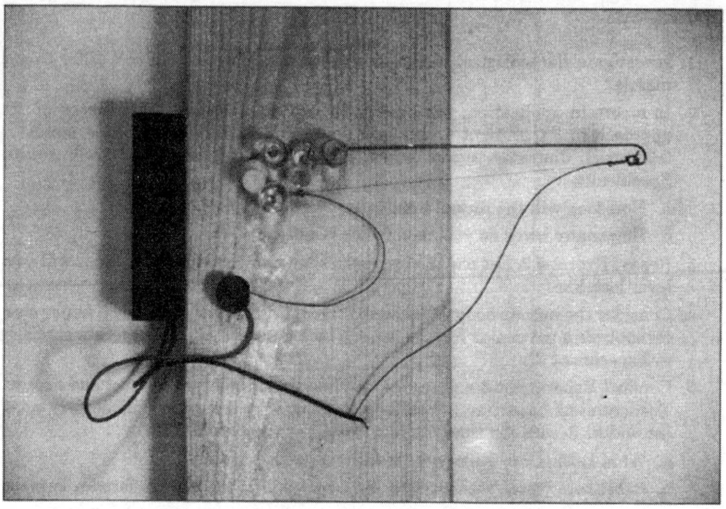

그림 8-7 플레시놀과 피아노선을 사용 겹판 스프링 만들기

4) 응용

위의 실험들은 니티놀 와이어의 고유한 특성을 나타낼 수 있는 몇 가지 예들일 뿐이다. 스티키토 교육재료 상자에 포함되어 있는 니티놀은 다른 실험을 개발하는 데에도 사용될 수 있다. 니티놀을 사용하여 다른 실험을 하고 싶다면, Roger Gilbertson가 쓴 *Music Wires Project Book*을 읽어보시길.

니티놀과 프렉시놀에 대한 추가적인 정보는 Dynalloy의 웹사이트 http://www. dynalloy.com 에서도 찾아 볼 수 있다.

※ **감사의 말** : 본 글의 많은 부분이 다음 논문에서 따온 것이다.

"Technical Characteristics of Flexinol™ Actuator Wires" Dynalloy, Inc. Costa Mesa, Calif., 1998

5) 연습문제

(1) 근육이 생물학적으로 볼 때 어떻게 움직이는지 조사해 보시오. 니티놀이 근육과 어떻게 다른가?

(2) 당신이 200kg의 무게를 5cm 끌어 올려야 한다고 가정해 보자. 실험 1에서 제시된 방법에 근거하여 알맞은 기구를 설계해 보시오. 0.004인치 지름의 니티놀 와이어 다발을 사용하고, 걸리는 전류에는 특별한 제한이 없다고 가정하라.

가. 니티놀 다발의 길이는 얼마가 되어야 하나?

나. 다발 속에 몇 개의 와이어가 포함되어 있어야 하나?

(3) 실험 2에서 제시된 방법으로 위의 문제 2를 다시 풀어 보라. 어떤 지렛대를 사용해야 하나?

(4) 우리 몸에 대하여 생각해 보라. 실험 2는 우리 몸의 주요한 근육이 뼈를 통제하는 방식을 대략적으로 흉내내고 있다. 우리 몸의 어떤 근육과 뼈가 실험 2에 나타난 바와 비슷하게 작동하나?

(5) 실험 3을 수행하면서 니티놀이 냉각되어 팽창하는 시간을 기록하라. 그 다음, 같은 실험을 물 속에서 해보라. 물론 스위치와 건전지는 물에 젖지 않도록 주의하시오. 니티놀이 냉각되어 팽창하는 시간을 다시 측정하라.

가. 두 실험의 결과에 차이가 있는가?

나. 물 대신에 냉각 오일을 사용하라. 냉각 시간에 차이가 있는가?

(6) 프렉시놀의 특성을 나타낼 수 있는 실험을 새로 만들어 보라. 이 실험에는 다음 사항이 포함되어야 한다.

가. 실험의 결과가 어떠할지에 대한 예상 및 그 이유

나. 재료 목록

다. 실험순서

라. 예상되는 관찰 결과

마. 관찰된 결과에 대한 설명

6) 참고문헌

(1) Mills, J. W. 1992. Stiquito: A small, simple, inexpensive hexapod robot. Technical Report 363a, Computer Science Department. Bloomington, Ind:Indiana University.

(2) Conrad, J. M., and J. W. Mills. 1997. *Stiquito: Advanced experiments with a simple and inexpensive hexapod robot*. Los Alamitos, Calif.:IEEE CS Press.

(3) Gillbertson, R. G. 1993. *Muscle wires project book*. San Rafael, Calif: Mondo-Tronics.

(4) Conrad and Mills, 1997.

(5) Gillbertson, 1993.

09
스티키토("Stiquito") 몸체부 제작

Practice of Baisic Mechatronics

1) 머리말

보행 로봇은 대개 크고, 복잡하고, 비용이 많이 든다. 이런 이유 때문에 실험이나 교육용으로는 사용하기가 어려웠다. 다리가 100개인 지네 로봇을 사용하거나, 곤충 로봇을 100개 정도 묶어서 종합적으로 움직임을 관찰하는 실험을 할 수 있는 실험기관이 몇 되지 않는다. 로봇 공학 수업을 수강하는 학생들에게 보행 로봇을 하나씩 내줄 수 있는 대학도 거의 없다.

이 장은 이런 필요를 충족시킬 수 있는 작고, 단순하며, 경제적인 곤충 로봇에 관한 것이다. 이 로봇은 길이가 75mm, 너비가 70mm, 높이가 25mm, 중량이 10g이다. 구성 부품의 수가 40개 이하이고, 그 중에서 12개가 움직이는 것인데, 6개의 니티놀 와이어와 그에 반응하여 구부러지는 움직임을 하는 6개의 다리가 그것들이다. 상표명 프렉시놀로 알려진 니티놀 와이어는 가열하면 수축하는 니켈과 티타늄의 합금이다. 이것은 또한 형상기억합금이라고 불린다. 로봇을 구성하는 부품들 대부분이 하나 이상의 전기적 혹은 역학적 기능을 하지만, 그 설계를 쉽게 개조하여서도 사용할 수 있다. 예를 들어, 다리와 작동자(actuator)에 해당하는 부품을 사용하여 조인트가 자유롭게 움직이는 지네 로봇을 만들 수 있다.

곤충 로봇은 실험이나 교육을 목적으로 하는 컴퓨테이셔널 센서, 포섭 구조(subsumption architecture), 보행 제어, 군집 곤충 생태, 머신 비젼 등의 연구에 사용될 수 있다. 로봇에 선을 연결하여 동력을 제공하거나 제어할 수도 있고, 동력원과 소형전기제품을 얹어 자율적으로 움직이게 할 수도 있다. 50g의 무게를 짊어지고 판지, 양탄자, 콘크리트와 같이 약간 결이 있는 표면을 분당 3~10cm의 속도로 움직일 수 있다. 다리를 개조하여서 다른 표면 위를 걷게 할 수도 있다. 다리에 연결되어 있는 니티놀 작동자 와이어가 수축되면서 로봇이 걷게 된다(그림 9-1). 니티놀 와이어는 열에 의해 작동하게 되어 있는데 그 열은 전기를 흐르게 함으로써 발생된다. 다리는 개별적으로 사용될 수도 있고 혹은 몇 개를 연결하여 삼각 다리 로봇, 쐐기 로봇 또는 다른 보행 로봇에 사용될

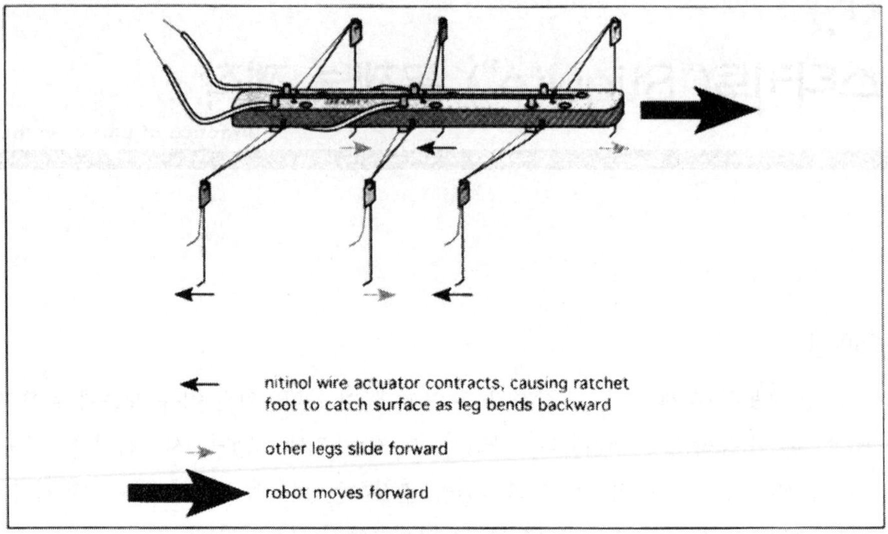

그림 9-1 로봇이 걷게 되는 원리

수 있다. 이 로봇의 이름은 스티키(Sticky)라는 이름의 더 크고 복잡했던 이전 모델을 따라서 스티키토(Stiquito)라고 붙여졌다.

2) 스티키토 만들 준비

로봇을 만들기 전에 모든 재료와 도구를 갖추어 놓고 있어야 한다. 상자의 부품 목록을 보며 모든 재료가 다 있는지 확인한다. 빠진 것이 있으면 판매점에 문의한다. 로봇을 만들 때 필요한 도구는 대개 철물점이나 전파사 혹은 문구점에서 구할 수 있다. 작업공간을 깨끗이 정리해 두고 마음의 평정을 갖는 것이 도움이 될 것이다. 특히, 니티놀 와이어를 설치할 때는 더욱 그렇다. 와이어를 잘 설치하면 잘 걷는 로봇이 되지만, 대충 작업을 하게 되면 꼼짝도 하지 않는 로봇이 될 것이다.

3) 재료 목록

로봇 재료 상자에는 다음에 나열된 재료들이 있어야 한다. 이 중에 어떤 재료들은 6장에서 소개되는 수동제어기를 만드는 데 사용된다는 점을 잊지 말아야 한다.

양	부품번호	품목
1개	ST-100	주조된 플라스틱 스티키토 본체
1개	ST-101	주조된 플라스틱 수동 조정기
2×100mm	K&S Engineering No.100	바깥지름 1/16인치 알루미늄 관
5×100mm	K&S Engineering No.499	0.020인치 피아노선
600mm	Dynalloy 0.004" Dia. 70C	0.004인치(100μm) 니티놀 와이어(프렉시놀)
70mm	일반용	20AWG 구리 후크업 와이어
600mm	일반용	28AWG 구리 와이어 랩 와이어
1500mm	일반용	34AWG 구리 마그넷 와이어
1개	일반용	9V 터미널 어셈블리
1개	일반용	320-그릿 사포
1개	일반용	600-그릿 사포

수동제어기를 만들 때 다음 물품을 따로 구입해야 한다.

양	부품번호	품목
1개	일반용	9V 건전지

4) 도구 목록

다음과 같은 도구가 필요하다.

- 집게(needle-nose plier)
- 와이어 절단기
- 작은 칼(X-Acto™ 형)
- 밀리미터 단위 표시된 자

주의사항

- 도구를 사용할 때는 항상 도구에 대한 사용설명서를 잘 따라야 한다.
- 플라스틱이나 금속을 자를 때 조각이 튀거나 도구가 깨져 눈에 상처를 줄 수 있으므로 고글을 사용한다. 특히, 피아노선을 자를 때 주의해야 한다(잘린 와이어가 손가락에 박힐 수 있다).
- Dremel Moto-tools™과 같은 전동 도구를 사용할 때는 주의해야 한다. 전동 도구가 다른 로봇을 만들 때는 요긴하게 쓰일 수 있지만, 스티키토를 만들 때는 필요하지 않다.
- 필요하면, 판지, 마분지 혹은 절단 받침판을 사용하여 작업대 표면이 상하지 않도록 한다.

- Voltemeter 혹은 AA 건전지 두 개와 케이스

5) 필요한 기술

스티키토를 만드는 데에는 취미 조립품을 만드는 기술만 있으면 된다. 이 절은 한 번도 이런 것을 조립해 본 경험이 없는 사람들을 위한 것이다. 스티키토를 조립하기 전에, 먼저 플라스틱 조각과 얇은 전선을 사용하여 연습을 한다. 재료 상자에는 실수할 경우에 대비하여 여분의 재료가 들어있기는 하지만, 연습하는 데 쓸 만큼 충분하지는 않다.

(1) 측정하기

"두 번 측정한 후, 한번 자르라"는 경구를 따라 작업을 하면 실수를 많이 줄일 수 있을 것이다. 밀리미터 단위로 표시된 자를 사용해야 한다. 이 장에 나오는 많은 그림들은 실물 크기를 나타내므로, 그림을 직접 사용하여 재료를 측정할 수도 있다.

(2) 절단하기

칼로 자를 때는 손가락이 칼이 지나가는 자리에 놓이지 않게 주의하고, 칼을 실수로 떨어뜨려도 다른 물건을 손상시킬 수 없도록 배치해야 한다. 상해를 당하지 않도록 칼이 몸쪽을 향하지 않게 한다. 재료를 조금씩 잘라서, 낭비하는 것이 생기거나 한꺼번에 너무 많이 자르게 되지 않도록 주의한다.

(3) 다듬기

톱질이나 절단을 하면 가장자리나 표면이 거칠게 될 수 있다. 사포를 사용하여 표면을 매끄럽게 다듬거나, 작은 칼로 표면을 정리하거나, 혹은 핀 바이스에 드릴 날을 고정하여 약간 갈아준다. 부품에 작은 부스러기, 특히 주름을 남겨 놓으면, 니티놀 와이어를 끊어지게 할 수 있다. 프레스로 접합한 부분은 표면을 다듬지 않으면 조립 과정에서 구부러지거나 깨질 수 있다.

(4) 사포질하기

알루미늄관의 끝부분은 가는 사포(320-그릿)를 사용하여 갈아 주어야 한다. 니티놀과 피아노선은 초세밀 사포(640-그릿)나 금강사포를 사용하여 살짝 갈아 주어 산화물을 제거한다. 와이어를 구부리거나 와이어로 매듭을 만든 후에는 사포로 문질러야 끊어지는 것을 피할 수 있다. 와이어를 너무 많이 갈면 나중에 조립할 때나 로봇이 작동하는 과정에서 끊어질 위험이 있다.

(5) 니티놀 와이어로 매듭 만들고 크림핑(crimping) 하기[그림 9-2]

니티놀은 스테인레스 강과 비슷하다. 여기서 사용되는 0.004인치 와이어는 매듭을 만들어도 매듭이 지나치게 조여지지 않는 한, 끊어지지 않는다. 니티놀 와이어로 매듭을 만들어 크림핑하는 방법은 작동자 와이어를 연결하는 방법들 중에서 가장 신뢰할 만한 방법이다. 로봇을 잘 걸을 수 있도록 만들기 위해서는 니티놀 작동자를 탄탄하게 연결하여 느슨해지지 않게 한다. 매듭지어 크림프로 연결하는 방법(knot-and-crimp)은 300,000번 이상의 반복(대략 100시간 정도 쉬지 않고 걷는 것에 해당한다)을 통하여 신뢰성이 입증되었다.

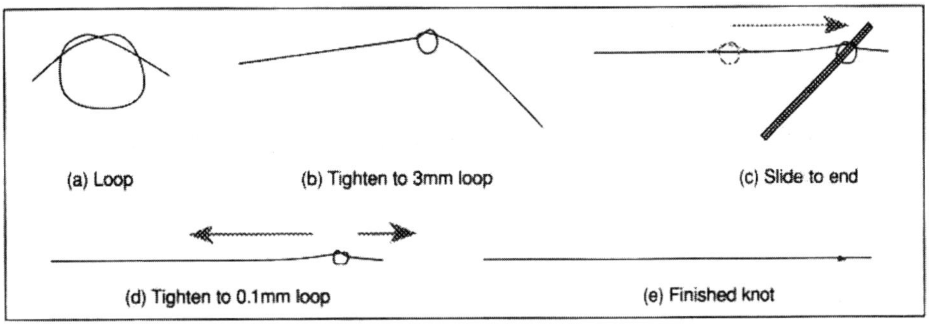

그림 9-2 니티놀 매듭 만들기

니티놀 와이어를 고정하는 다른 방법들 중에서, 니티놀 와이어를 U자 모양으로 구부리는 방법은 와이어를 크림프 밖으로 빠져나오게 하여서 다리가 제대로 작동되지 않게 될 수 있다. 납땜을 하면 와이어가 수축되면서 그 "기억"을 잃어버려 제어에 문제가 될 수 있다. 납땜과 에폭시를 사용하여 와이어를 연결하는 방법은 반복 작동하면 떨어질 위험이 있다. 니티놀을 압정이나 나사를 사용하여 연결하는 방법은 매듭을 만들어 크림프로 연결하는 것 보다 훨씬 더 복잡하다.

와이어로 매듭을 만들기 위해서는 먼저 와이어에 고리를 만들고, 큰 매듭이 되도록 와이어의 한쪽 끝을 고리 속으로 통과시킨 후, 매듭의 고리가 지름이 3mm쯤 되게 손으로 당겨준다. 막대기 같은 것을 사용하여 매듭을 와이어의 끝 쪽으로 밀어준 후, 집게를 사용하여 매듭에서 가까운 쪽의 와이어 끝을 잡고, 와이어의 다른 쪽 끝(혹은 이미 다른 부분에 접합되어 있으면 크림핑 부분)은 손으로 잡아 매듭이 단단해지도록 강하게 당겨준다. 매듭의 지름이 대략 0.1mm 정도되면 단단하게 매어진 것이다. 매듭을 더 강하게 당기면 와이어가 끊어질 수 있다.

크림프(crimp)는 속이 비어 있는 작은 관인데, 비틀어 닫음으로써 물건을 고정하거나, 연결한다(그림 9-3). 여기서는 매듭을 만든 니티놀 와이어를 단단하게 고정하기 위하여 알루미늄 관을 크림프로 사용한다. 두 가지 종류의 크림프가 필요하다. 본체 크림프는

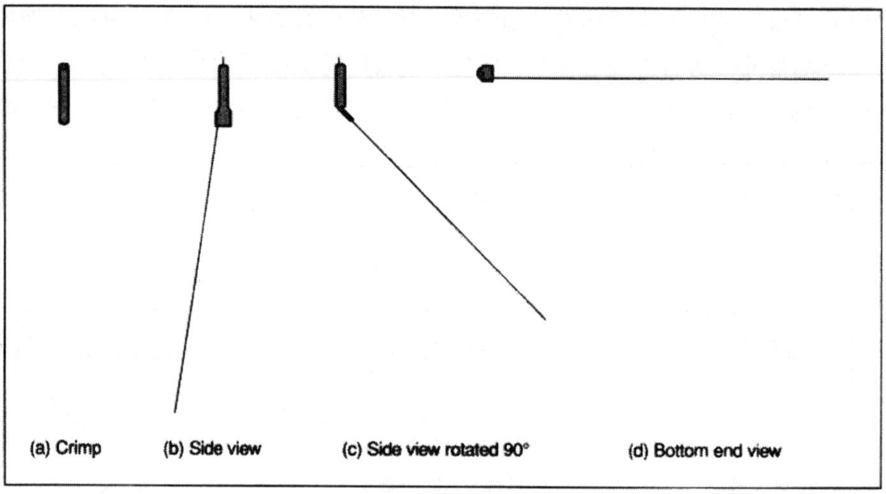

그림 9-3 본체 크림프(crimp)

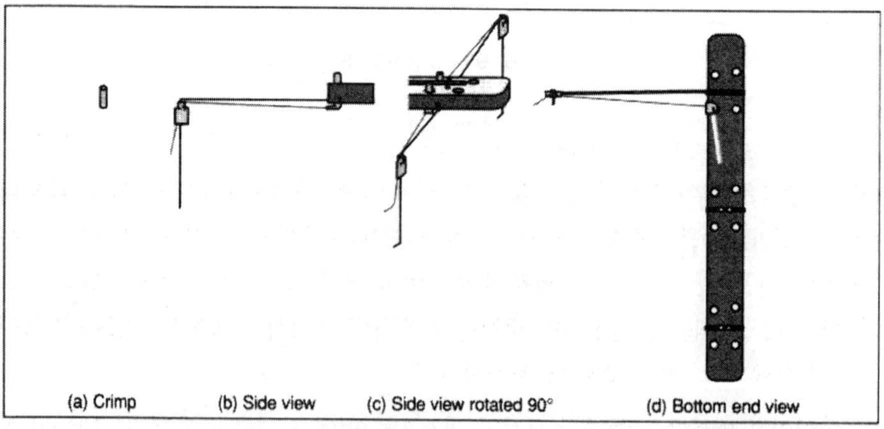

그림 9-4 다리 크림프

작동자 와이어를 고정한다. 이것은 작동자 와이어를 제어 와이어에 간접적으로 연결할 수 있도록 로봇의 본체에 있는 구멍에 끼워 넣는다. 이때 작동자 와이어와 플라스틱 몸체 사이에는 전기가 흐르지 않는다. 다리 크림프(그림 9-4)는 작동자 와이어와 피아노선 와이어 다리를 고정한다. 이것은 작동자 와이어를 피아노선 와이어 다리에 직접적으로 연결하고 전기도 통하게 되어 있다.

(6) 실수 수정하기

아무리 주의한다고 하여도 실수는 일어나기 마련이다. 스티키토의 모든 과정에서 약간의 실수는 용인되고 쉽게 고쳐질 수 있다. 그러나 니티놀 와이어를 팽팽하게 당기는 부분은 느슨함이 허용되지 않는다. 여기 몇 가지 흔하게 나타나는 문제들과 그것들을 피하는 방법이 함께 제시되어 있다.

- ***피아노선이 잘못 휘어짐 :*** 90° 혹은 그 이상으로 구부러진 것은 부드럽게 한번 또는 두 번 정도 다시 구부려도 와이어에 손상을 주지는 않는다. 90° 이하로 구부린 경우, 이를테면 15° V-꺽쇠와 같은 경우에는 다시 구부리면 대개 부러질 것이다. 스티키토는 피아노선이 네 개만 있어도 작동한다. 0.015인치 지름의 피아노선을 사용해도 작동하지만 무거운 것을 옮기지는 못할 것이다.
- ***매듭의 위치가 잘못됨 :*** 새 매듭을 만들어서 계속 작업을 한다. 이 때문에 60mm 보다는 70mm 길이로 니티놀을 자르는 것이 좋다. 이미 만든 매듭을 다시 풀면 아마도 와이어가 끊어질 것이다.
- ***크림프를 제거하거나 대체해야 함 :*** 크림프는 부드럽게 비틀어서 제거해 낼 수 있지만, 다시 사용할 수는 없다. 새 크림프를 만들 수 있도록 여분의 관이 포함되어 있다. 다리 크림프는 아마도 한번 내지 두 번 정도 반복해야 작동자 와이어를 잘 당길 수 있는 고리가 될 것이다.

6) 스티키토 만들기

스티키토는 크게 네 부분으로 구성되어 있다. 본체, 다리와 파워 버스, 제어 와이어, 작동자가 그것들이다(그림 9-5). 작동자는 니티놀 와이어로 만들어졌다.

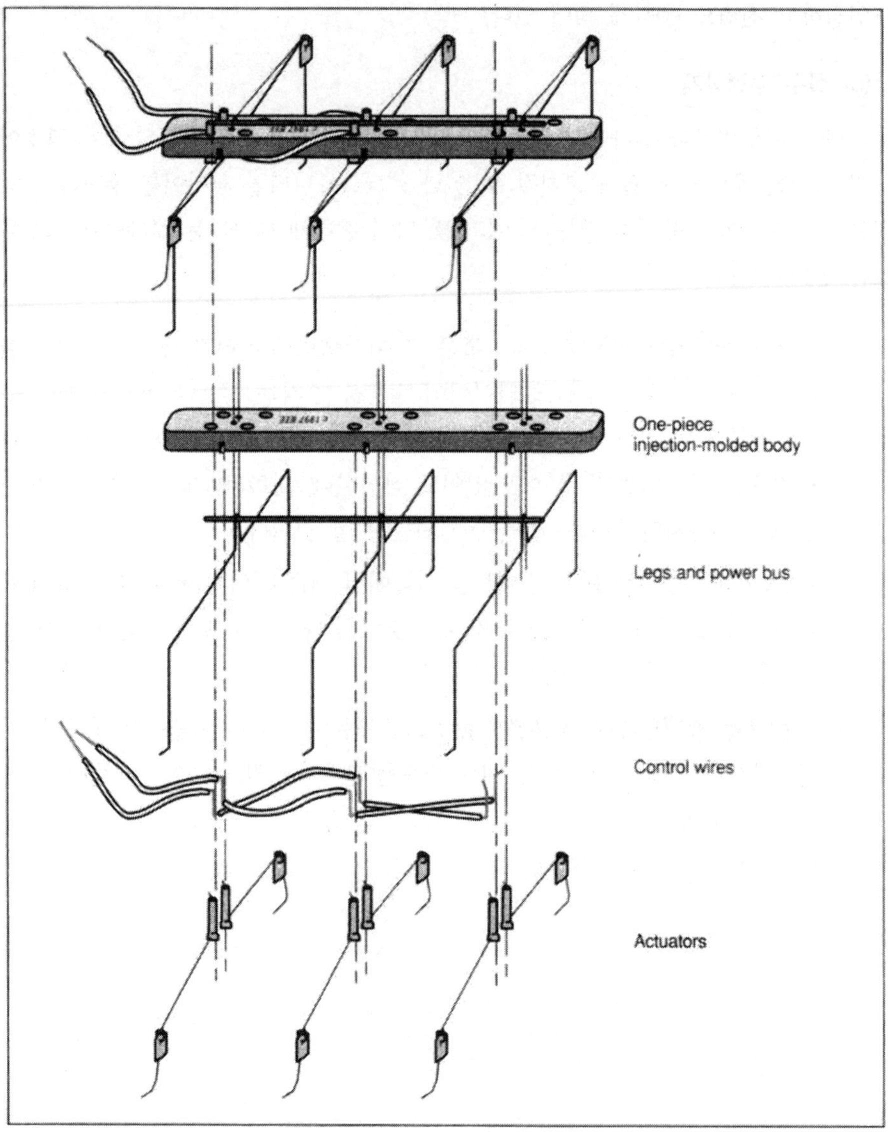

그림 9-5 스티키토 부품들

그림 9-6 주조된 본체

(1) 본체

본체(그림 9-6)는 전체 구조에 힘을 실어주는 역할을 하며, 다리와 니티놀 작동자 와이어를 접합시키는 부분이 표시되어 있다.

본체는 구멍과 홈이 있는 상태로 주조된다. 구멍이 제대로 뚫려 있는지 표면처리가 매끄럽게 되어 있는지 검사해 보아야 한다.

플라스틱 본체에 구멍이 18개가 있다. 작은 구멍 6개는 다리를 본체에 연결하는 데 쓰인다. 작은 구멍과 평행하게 만들어져 있는 큰 구멍 6개는 다리 작동자를 조립하는 데 사용된다. 여기서는 이 12 구멍만 사용한다. 나머지 6개의 구멍, 그중 3개는 약간 어긋나게 만들어져 있는데, 이들은 모두 다음과 같은 다른 용도에 사용되도록 만들어져 있다.

- 부록 C에 설명된 것처럼 스티키토를 나사와 너트를 사용하여 조립할 때
- 9장에 설명되어 있는 스티키토 II와 비슷하게 다리에 2° 정도의 여유를 주어 조립할 때
- 8장에 설명되어 있는 회로와 같은 회로기판을 스티키토에 얹을 때

이런 여분의 구멍들은 스티키토를 가지고 할 수 있는 실험에 다양한 가능성을 부여해준다.

(2) **다리와 파워버스**

지름 0.020인치, 길이 100mm 피아노선으로 다리 한 쌍을 만든다. 피아노선으로 만들어진 다리는 세 가지 기능을 한다(그림 9-7 참조).

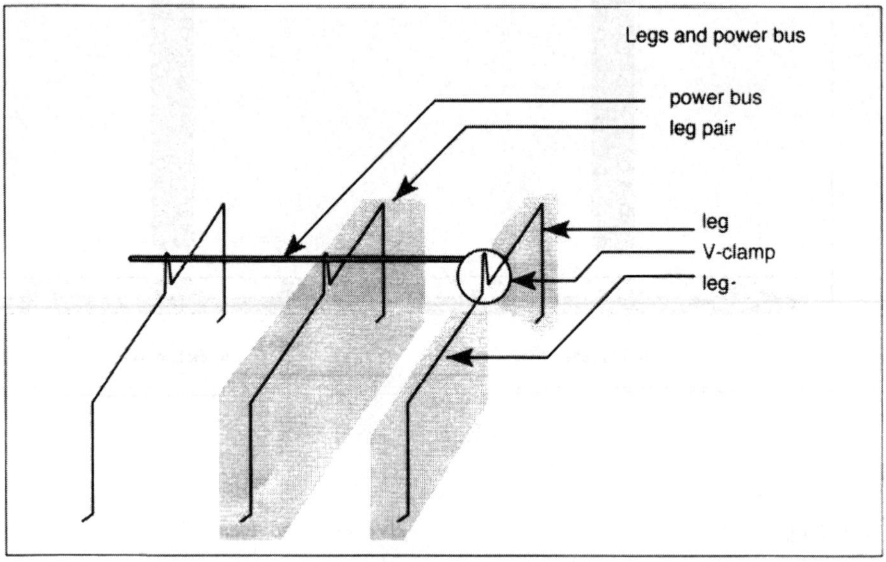

그림 9-7 다리와 파워버스

① ***지탱한다 :*** 다리는 스티키토와 건전지 그리고 제어기기의 무게를 지탱한다. 본체에 있는 다리 끼우는 홈에 맞도록 와이어를 구부렸기 때문에 각 다리 쌍은 역학적으로 독립되어 있다.

② ***힘을 분산한다 :*** 모든 다리는 하나의 전력선을 공유하는 데, 이 전력선은 파워버스와 니티놀 작동자 와이어로 흐르는 전류경로에 연결되어 있다. 피아노선에서 V자로 휜 부분은 파워버스를 본체 위에 고정하며, 또 다리로 전류가 흐르게 하는 기능을 한다.

③ ***복귀하는 힘을 준다 :*** 피아노선은 니티놀 와이어 작동자에 대하여 복귀하는 힘을 제공하는 겹판 스프링의 역할을 한다. 이 스프링이 없거나, 혹은 느슨하게 되어 있으면 니티놀 와이어는 수축하기는 하지만 원래 길이로 되돌아가기는 어려울 것이다.

지름 0.020인치, 길이 100mm 피아노선 세 개를 가지고 다리를 먼저 만든다(그림 9-8). 각 피아노선의 가운데를 15° 각이 되도록 구부린다. 너무 많이 구부리면 끊어질 위험이 있으니 조심한다. V자 모양의 정점 부분은 뾰족하면 안 되고, 약간 둥글어야 한다. V자 모양의 안쪽을 600-그릿 사포로 가볍게 문질러 주어 산화물을 제거한다(그림 9-9 참조).

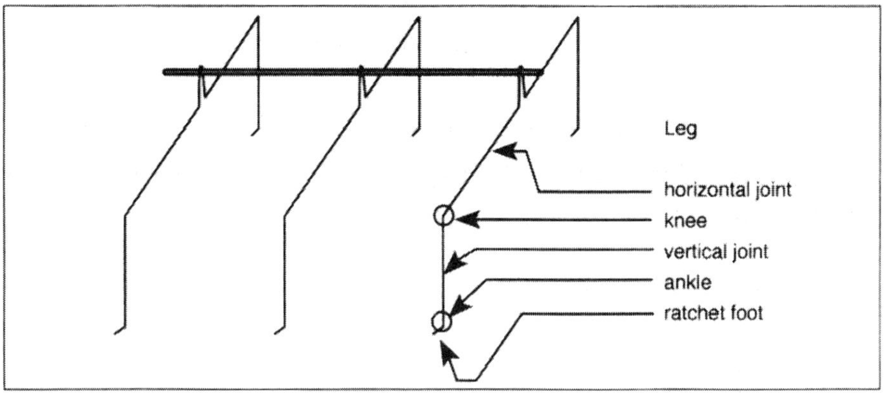

그림 9-8 다리 세부도

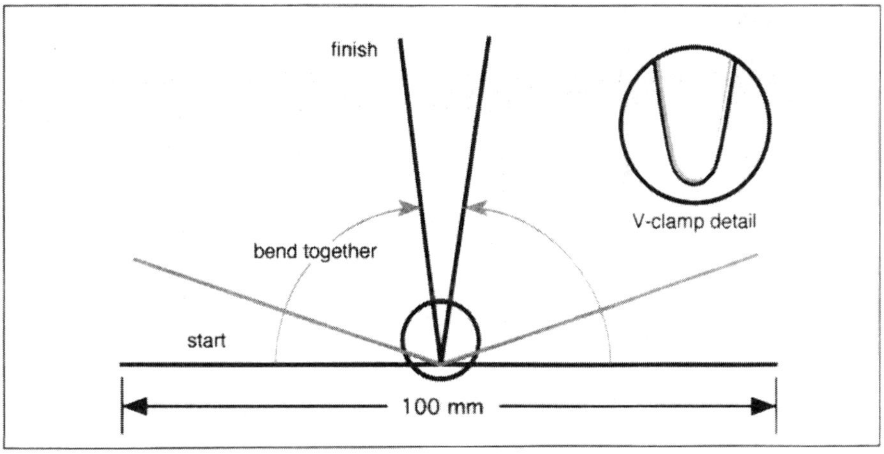

그림 9-9 다리 구부리기(6배 확대도)

재료 상자에서 길이 70mm의 20AWG 구리선을 꺼낸다. 이것이 파워버스로 사용될 것이다(그림 9-10).

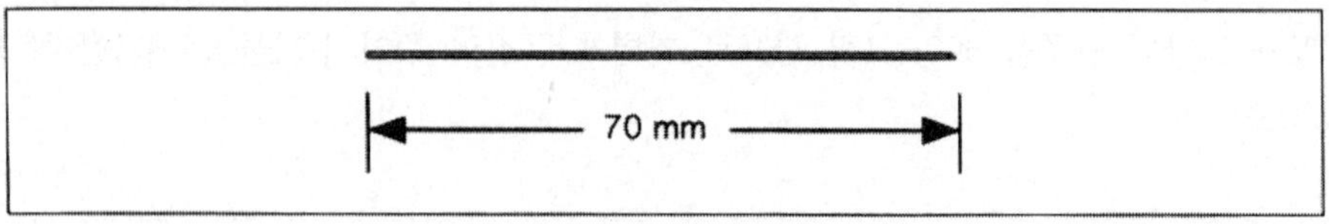

그림 9-10 파워버스

파워버스를 본체 위 다리 구멍 사이에 놓는다. 피아노선 다리를 임시로 구부려서 본체에 있는 다리 구멍에 끼워 넣고 아래쪽에서 잡아당겨 파워버스가 V자 모양 안에 꽉 끼이게 한다(그림 9-11).

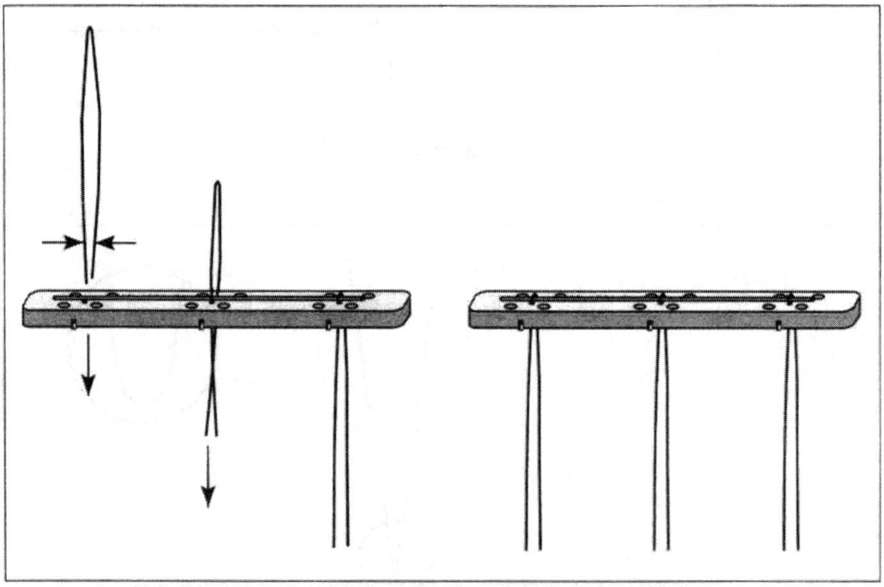

그림 9-11 다리를 사용하여 파워버스 고정시키기

본체를 뒤집어서 손을 사용하여 다리를 위쪽으로 당기면서 바깥쪽으로 쫙 펴서 파워버스를 단단하게 고정한다. 다리가 본체에 대하여 수평하게 되면, 다리를 바깥쪽으로 계속 당기면서 집게로 다리를 잡아 아래로 구부려 본체에 만들어져 있는 홈에 들어가게 한다(그림 9-12 참조).

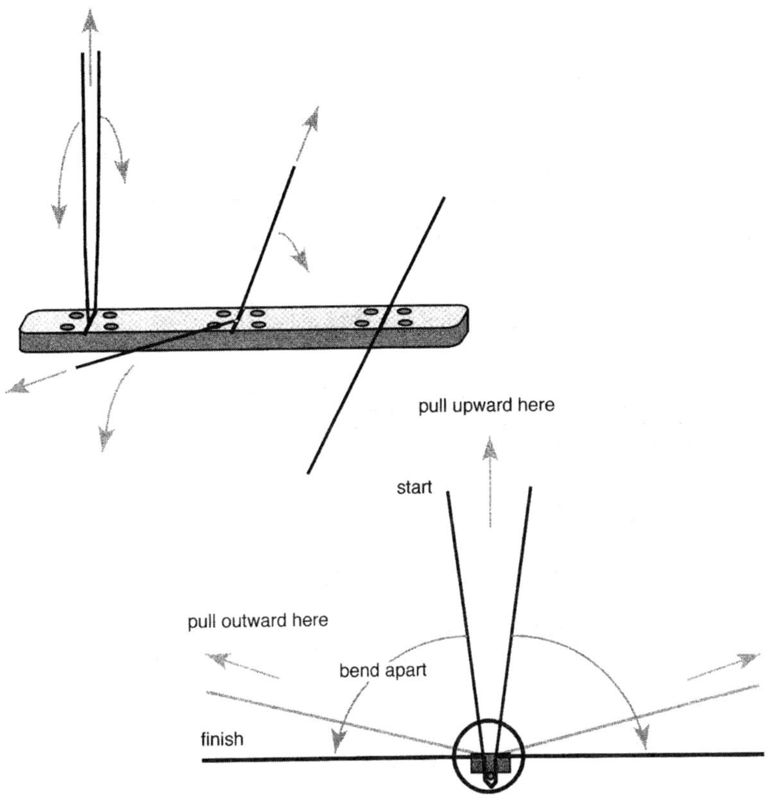

그림 9-12 다리와 파워버스를 단단하게 고정하기

이 단계에서 파워버스는 단단하게 제자리에 고정되어 있어야 한다. 또한 본체 크림프에 혹시 닿게 되지 않는지 확인해야 한다. 알루미늄 관을 넣은 후, 전압계로 확인해 본다. 파워버스와 다리 사이의 전기 연결이 잘 되어 있는지 확인해 본다. 2Ω 이하이어야 한다.

다리를 조정하여 본체 바닥과 수평을 이루면서 다른 다리와 평행을 이루게 만든다.

본체를 뒤집은 상태에서 계속 작업을 한다. 본체에서 30mm쯤 되는 부분을 90°로 구부려 무릎을 만듦으로써 다리의 수평 조인트 부분과 수직 조인트 부분이 구분되게 한다. 수직 부분을 조정하여 서로 평행이 되게 한다(그림 9-13).

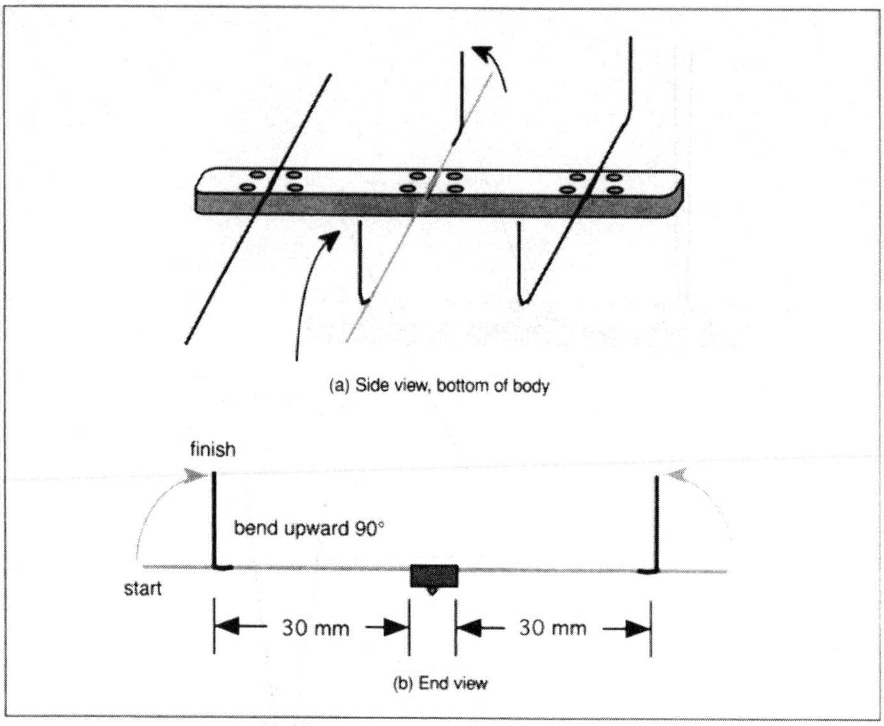

그림 9-13 무릎 만들기

수직 조인트 부분을 와이어 절단기로 손질하여서 땅에 닿지 않는 다리가 없게 한다(그림 9-14). 이로써 다리와 파워버스 조립이 완성되었다.

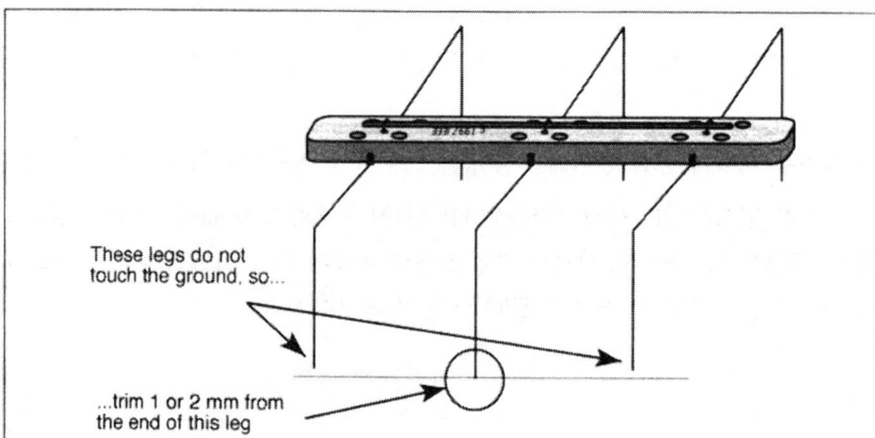

그림 9-14 수직 조인트 손질하기

아직 피아노선의 발을 만들어서는 안 된다. 작동자를 완성할 때까지 기다려야 한다.

(3) 제어 와이어

재료 상자에서 28AWG 구리 와이어 랩 와이어를 꺼내서 120mm 길이가 되도록 두 개를 자른다(그림 9-15 참조). 제어 와이어의 양끝에서 각 12mm만큼의 피복을 칼로 벗겨내 나중에 삼각보행(tripod gait)을 제어하는 제어기에 연결할 수 있는 준비를 한다.

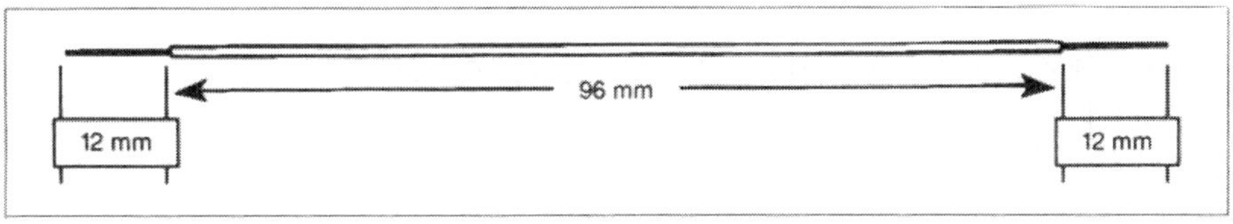

그림 9-15 제어 와이어

다음으로, 와이어에서 피복 두 부분을 잘라 옮긴다. 칼을 사용하여 와이어의 한쪽 끝에서 36mm 되는 위치의 피복을 자른다. 같은 쪽 끝에서 66mm 되는 위치의 피복을 다시 자른다. 피복을 자를 때 와이어 둘레를 한 바퀴 돌리면서 잘라야 한다. 와이어 자체는 손상되지 않도록 주의한다(그림 9-16 참조).

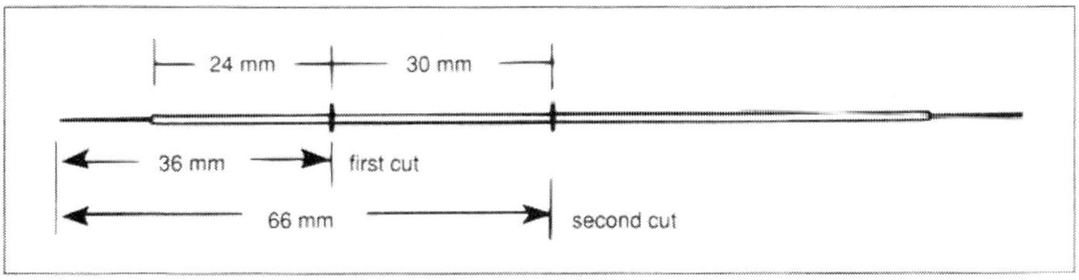

그림 9-16 피복 자르기

잘려진 피복을 부드럽게 밀어서 와이어의 끝과 중간 두 곳에 4mm만한 빈 곳이 생기게 한다. 이렇게 하면 제어 와이어가 완성된다(그림 9-17). 이런 방법으로 두 개를 만들어야 한다.

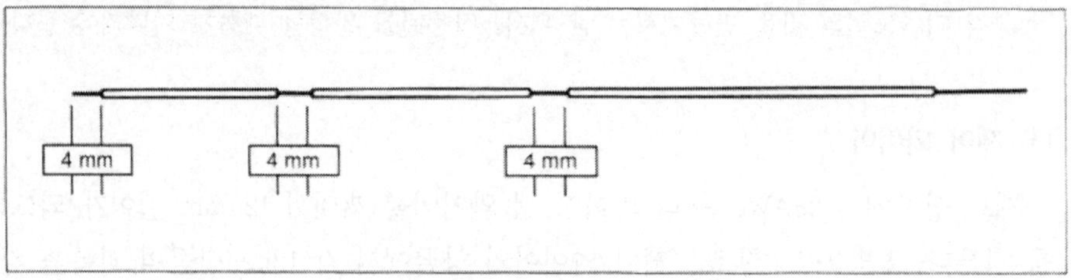

그림 9-17 완성된 제어 와이어

아직 제어 와이어를 설치하면 안 된다. 작동자를 연결하고 난 후에 제어 와이어를 설치할 것이다.

(4) 작동자(Actuator)

스티키토는 니티놀 작동자 와이어를 사용하기 때문에 작고 단순하다(그림 9-18).

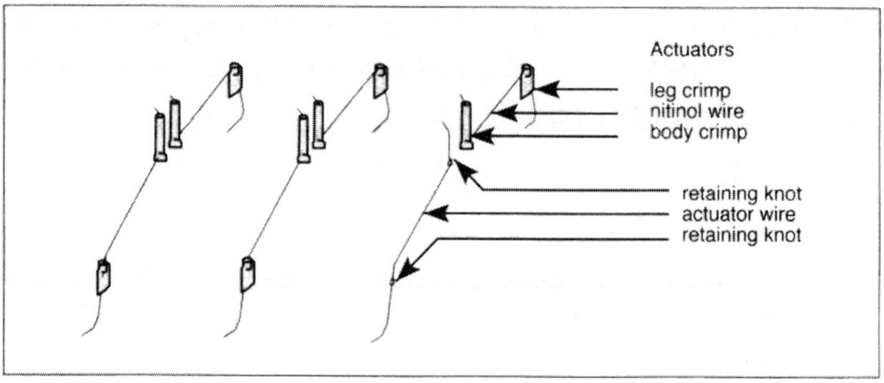

그림 9-18 작동자

니티놀 와이어는 전류에 의해 발생하는 열을 역학적 동작으로 바꾸어 줌으로써, 다른 방법으로 움직이는 다리를 만들 때 필요한 모터, 나사 및 다른 많은 부분들을 대치한다. 역학적 동작은 니티놀 내의 결정형 구조를 바꾸는 데서 생겨난다(그림 9-19). 결정형 구조는 마르텐자이트 변형온도 M_t 아래에서 변형 가능한 상태(마르텐자이트)로 존재한다. 이 상태에서 와이어의 길이는 최대 10%까지 바뀔 수 있다. 니티놀을 새로 구입하면 팽창된 마르텐자이트 상태(즉, *단련된(trained)* 상태의 와이어)이다.

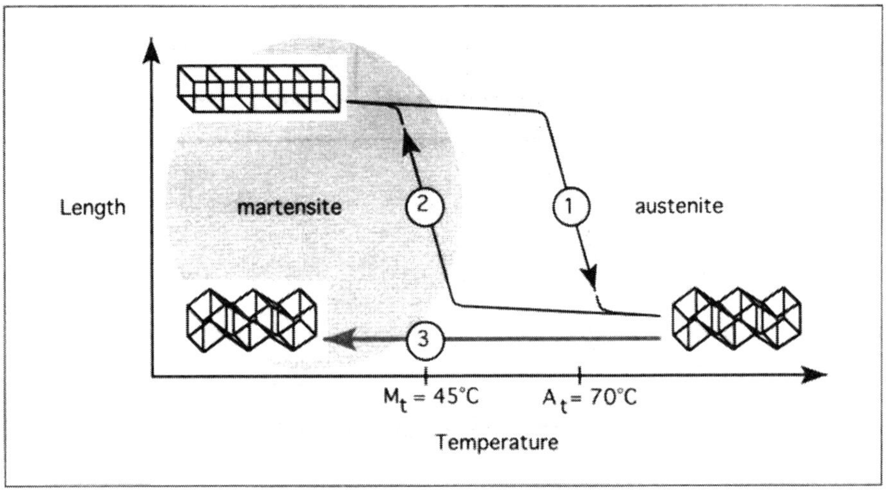

그림 9-19 니티놀 결정 구조의 변형

와이어를 오스테나이트 변형온도 A_t 이상으로 가열하면(그림 9-19의 1) 결정형 구조는 강하고 잘 변형되지 않는 상태(오스테나이트)로 바뀐다. 와이어의 온도가 A_t 이상으로 유지되면 와이어는 수축된 상태 그대로 있게 된다. 니티놀 와이어의 일반적 사용에서는 와이어가 오스테나이트 상태에 있는 동안 와이어에 회복력(recovery force), 혹은 장력을 걸어 준다.

와이어의 온도가 M_t 아래로 내려가면 오스테나이트 상태가 변형 가능한 마르텐자이트 상태로 되돌아간다(그림 9-19의 2). 이때 회복력은 와이어를 원래의 팽창된 상태가 되도록 당겨준다. 와이어의 온도가 내려갈 때 회복력을 걸어주지 않으면 와이어가 마르텐자이트 상태로 되돌아가도 그 길이가 짧은 상태 그대로 일 것이다(그림 9-19의 3). 그러나 회복력을 걸어주면 원래 길이로 되돌아가게 된다. 만약, 짧아진 와이어를 A_t 보다 훨씬 높게 가열하면 더 짧은 새로운 와이어로 변형될 것이다. 그러면 원래의 길었던 상태에 대한 "기억"은 사라지게 된다.

니티놀 와이어는 과열되지 않고 적절한 회복력만 주어진다면 수백만 번이라도 반복하여 수축, 팽창할 수 있다. 스티키토의 수동제어기가 지시대로 사용되기만 하면 과열을 방지해 줄 것이다. 자동제어기는 니티놀 작동자를 지나치게 가열하지 않도록 와이어에 흐르는 전류의 양을 제한시킬 수 있어야 한다. 피아노선 다리는 적절한 회복력을 제공해 준다.

작동자, 다리, 파워버스는 힘을 전달하고, 회복력을 제공해 주며, 로봇을 지지하는 역할을 한다(그림 9-20).

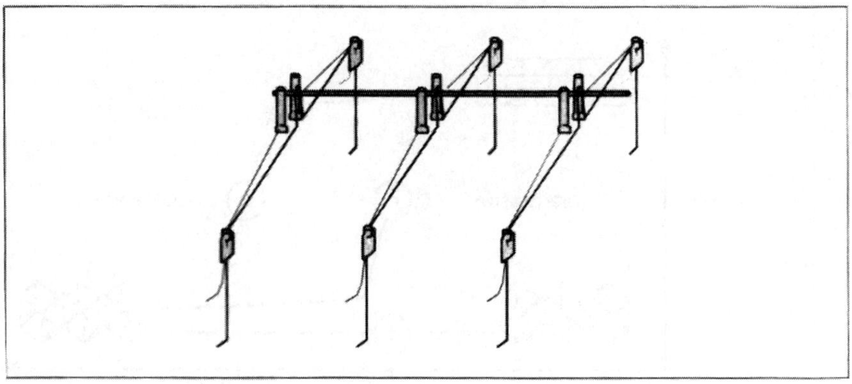

그림 9-20 작동자, 다리, 파워버스

작동자를 만들어 다리와 본체에 연결하고 발을 만드는 과정은 다음과 같다.

① **니티놀 와이어 자르기** : 먼저, 니티놀 와이어를 길이 60mm가 되게 6개를 자른다 (그림 9-21). (니티놀 와이어가 조금 남을 것이다.) 여유분의 와이어를 사용하여 와이어를 70mm가 되게 잘라서 나중에 다리 크림프를 설치할 때 쉽게 매듭을 만들 수 있도록 하는 것이 더 좋을 것이다.

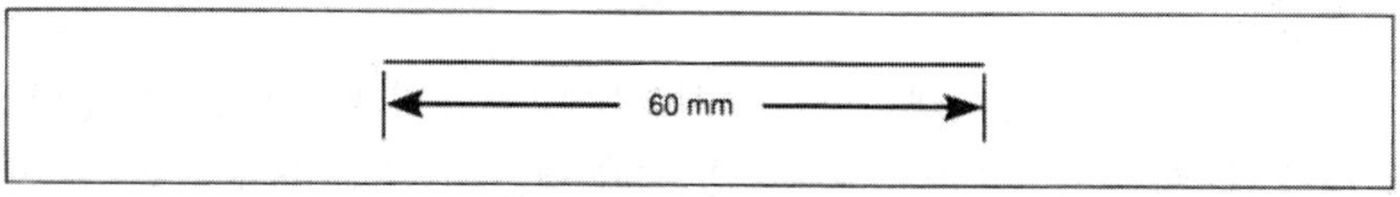

그림 9-21 니티놀 와이어

② **본체 및 다리 크림프 만들기** : 다음으로 재료 상자에서 100mm 알루미늄 관을 꺼낸다. 이것으로 다리 및 본체 크림프를 만들 것이다. 칼을 사용하여서 9mm 길이의 본체 크림프를 6개 만들고, 4mm 길이의 다리 크림프를 6개 만든다. 크림프의 끝을 사포로 닦아내고, 칼로 부스러기를 잘라낸다(그림 9-22 참조).

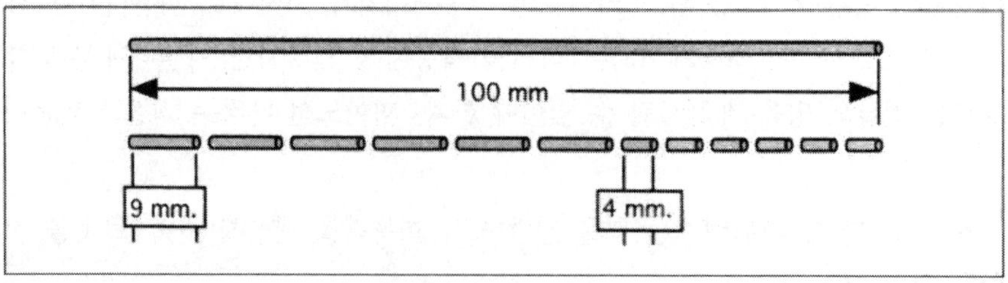

그림 9-22 본체 및 다리 크림프

③ 니티놀 와이어에 본체 크림프 붙이기 : 니티놀 와이어에 본체 크림프를 접합시킨다. 먼저 와이어의 한 쪽 끝에 매듭을 만든다. 600-그릿 사포로 와이어의 매듭 부분을 살짝 닦아 줌으로써 산화물을 제거하고 나중에 본체 크림프를 끼워 넣었을 때 전류가 잘 흐르게 해준다.

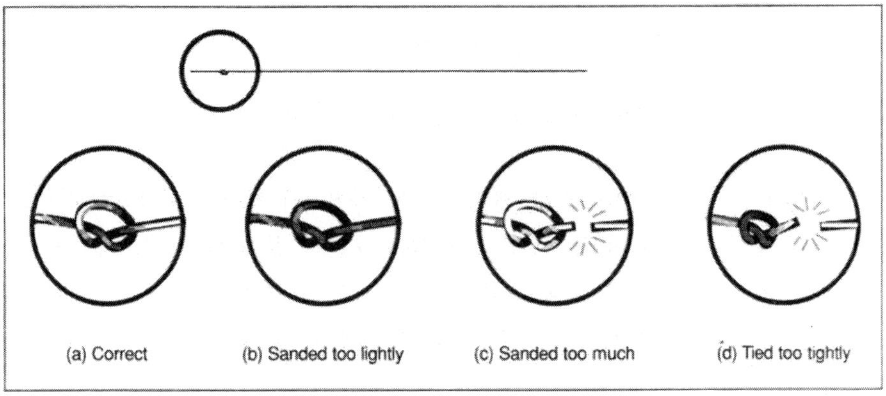

그림 9-23 매듭 묶기와 사포질하기(10배 확대한 그림)

9mm 본체 크림프를 골라서 와이어의 매듭 부분을 크림프에 끼워 넣고 크림프를 통과하도록 와이어를 밀어준다. 매듭이 크림프 바깥쪽으로 나오게 해야 한다(그림 9-24).

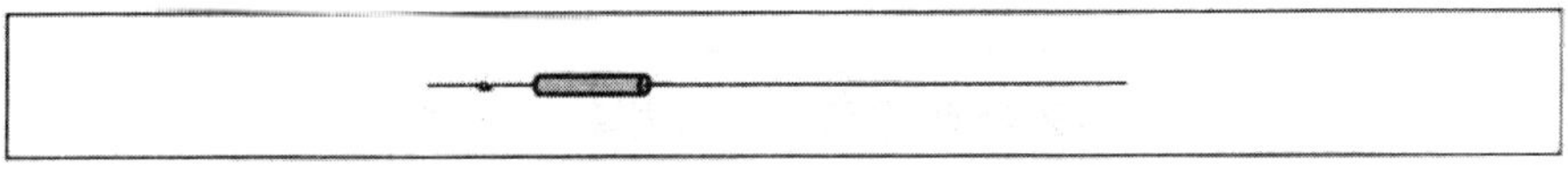

그림 9-24 와이어 매듭을 본체 크림프에 끼워 넣기

니티놀 와이어를 잘 돌려서 크림프를 한쪽으로 잘 놓은 다음, 집게를 사용하여 크림프를 매듭과 반대되는 쪽의 끝에서 약 2mm 정도만큼 눌러서 닫는다. 와이어가 크림프의 납작해진 면의 가운데가 아니라, 오른쪽이든 왼쪽이든 한쪽 끝에 닿아서 나오도록 만들어야 한다. 와이어의 매듭 부분을 당겨서 매듭이 크림프의 납작해진 면에 걸리게 한다(그림 9-25).

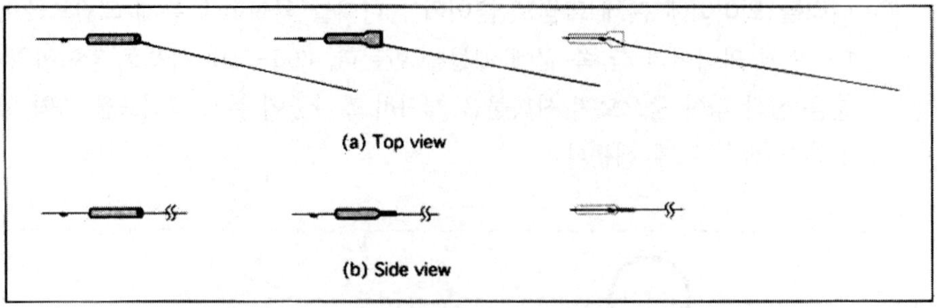

그림 9-25 본체 크림프와 니티놀 와이어 연결하기

본체 크림프를 만들 때 세 개는 니티놀 와이어가 크림프의 납작해진 면의 왼쪽 끝에 닿아 나오게 하고, 나머지 세 개는 오른쪽 끝에 닿아 나오게 해야 한다(그림 9-26). 이렇게 하면 나중에 작동자를 본체에 연결할 때 니티놀 와이어가 피아노선 다리로부터 가능한 한 멀리서 당길 수 있게 해줄 것이다.

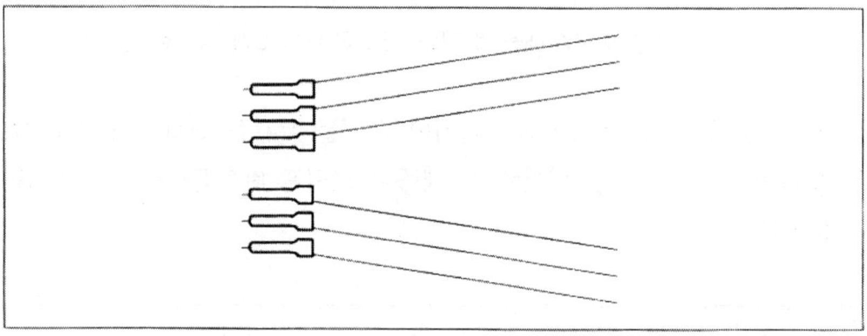

그림 9-26 왼쪽 혹은 오른쪽 끝에 닿은 모양

다음으로, 와이어에서 본체 크림프의 위치를 유지하면서 집게를 사용하여 크림프의 납작해진 부분을 위쪽으로 구부려 45° 각도가 되게 만든다(그림 9-27).

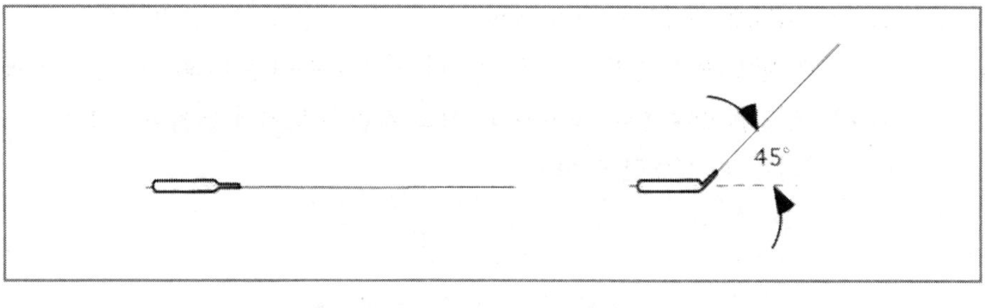

그림 9-27 본체 크림프 구부리기

지금까지 니티놀 와이어에 몸체 크림프를 접합시켰는데, 세 개는 왼쪽으로 기울고 세 개는 오른쪽으로 기울게 준비하였다(그림 9-28).

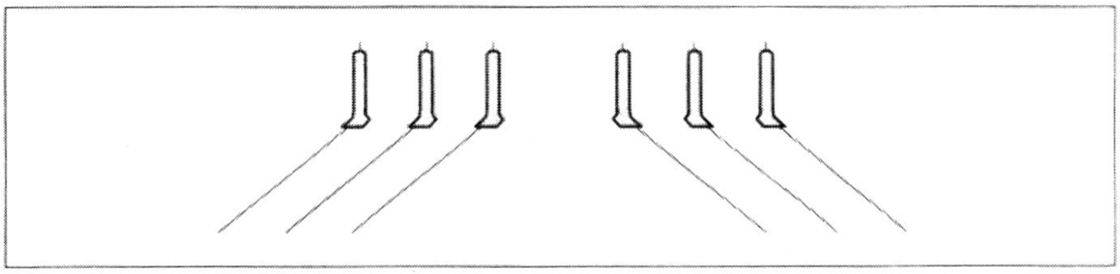

그림 9-28 왼쪽 혹은 오른쪽으로 기울어진 본체 크림프의 완성된 모습

④ **제어 와이어와 본체 크림프를 본체 크림프 구멍에 끼워 넣기** : 본체의 아래쪽이 얼굴을 향하게 하고 본체의 앞쪽이 위를 향하게 한 다음, 왼쪽으로 기울어진 크림프는 본체의 왼쪽에, 오른쪽으로 기울어진 크림프는 본체의 오른쪽에 오도록 연결한다. 이렇게 하면, 각 작동자를 연결하는 부분이 다리에서 최대한 멀리 위치하게 될 것이다(그림 9-29).

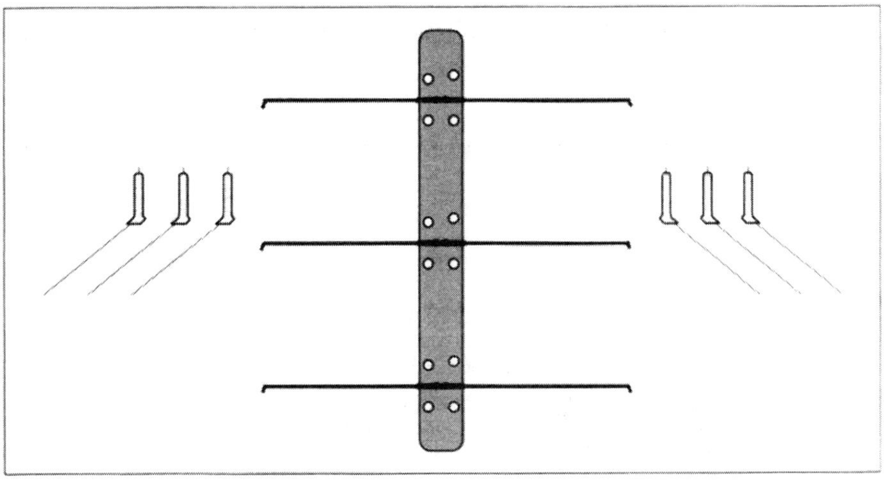

그림 9-29 본체의 아래쪽 모습과 크림프의 방향(본체의 앞쪽이 위를 향한다)

먼저, 제어 와이어의 피복 없는 부분을 본체의 앞의 왼쪽에 있는 크림프에 끼워 넣어 V자형을 만든다(그림 9-30).

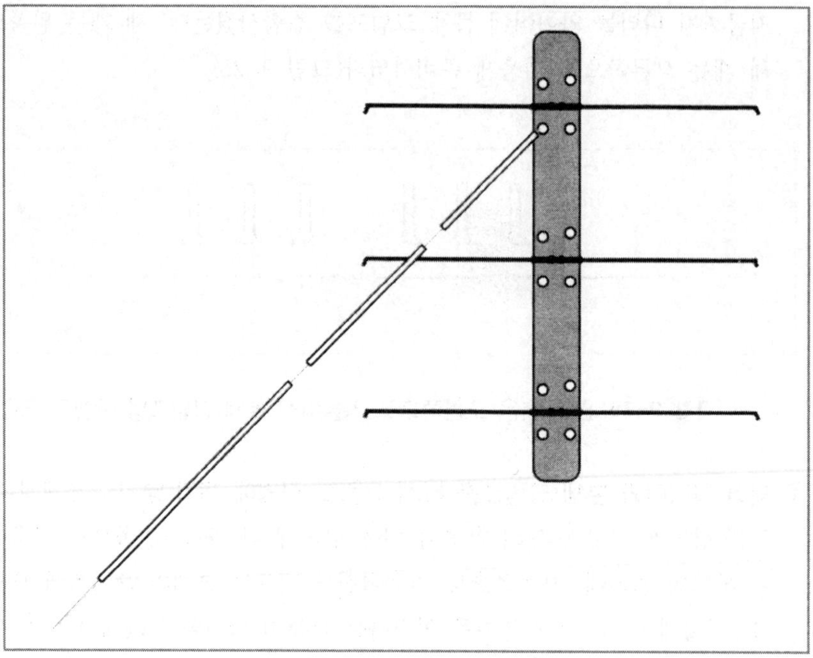

그림 9-30 제어 와이어 끼워 넣기

왼쪽으로 기울게 만든 본체 크림프를 구멍에 넣어 제어 와이어를 고정한다(그림 9-31).

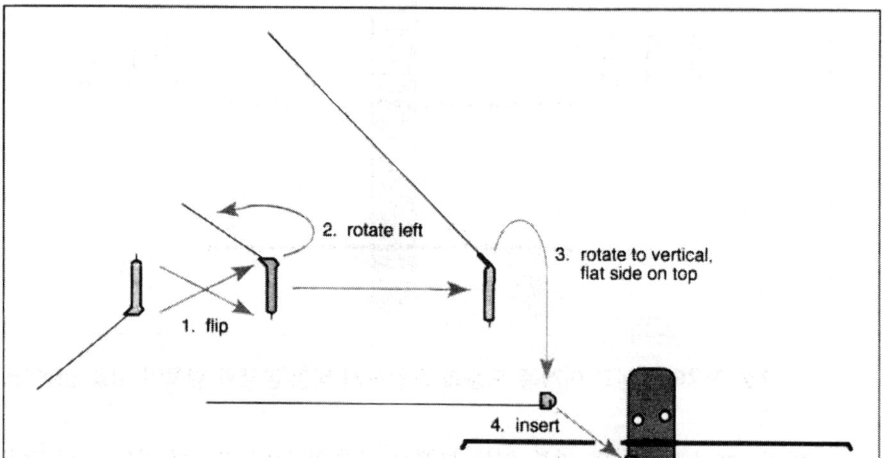

그림 9-31 본체 크림프 고정하기

계속해서 제어 와이어를 다음 위치에 꽂고 본체 크림프로 고정해서 삼각보행을 제어할 수 있게 한다. 제어 와이어는 앞쪽의 왼쪽, 가운데의 오른쪽, 뒤쪽의 왼쪽에 있는 크림프 구멍에 넣어야 한다(그림 9-32와 그림 9-33).

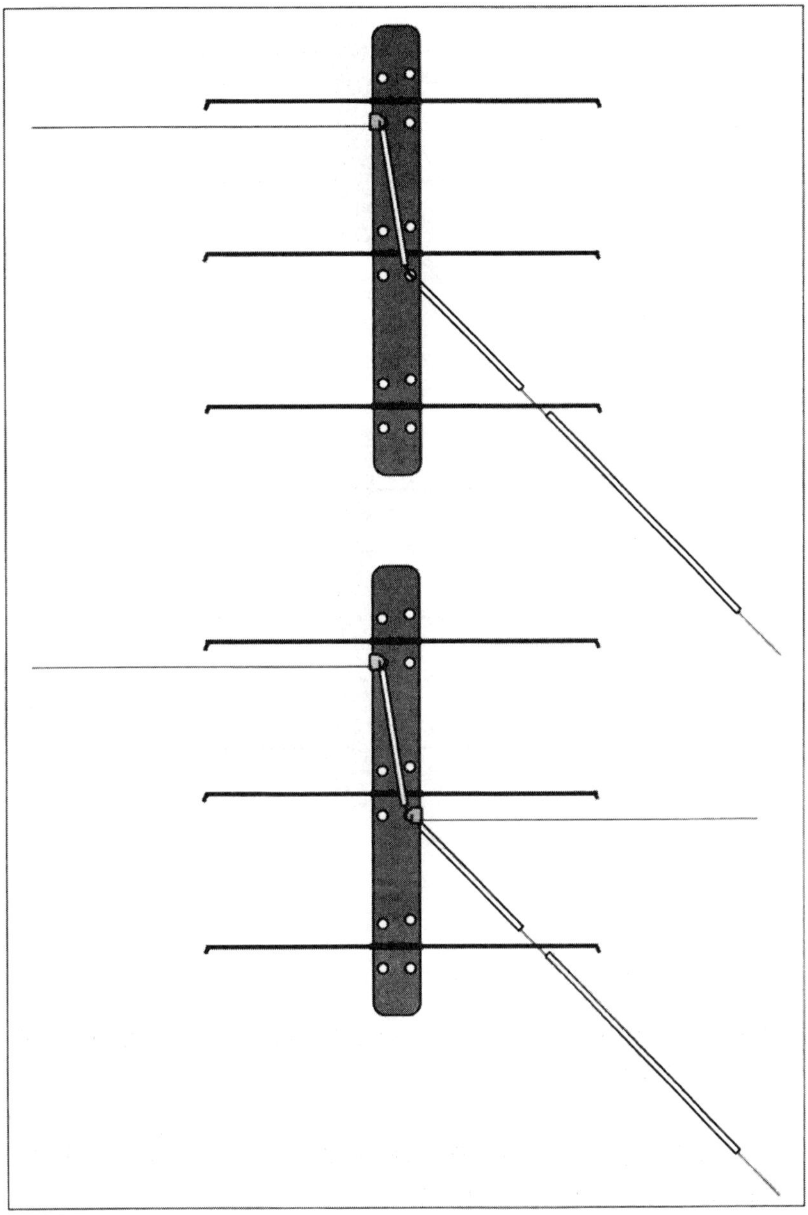

그림 9-32 가운데의 오른쪽에 있는 구멍에 오른쪽으로 기운 크림프를 꽂아 제어 와이어를 고정하기

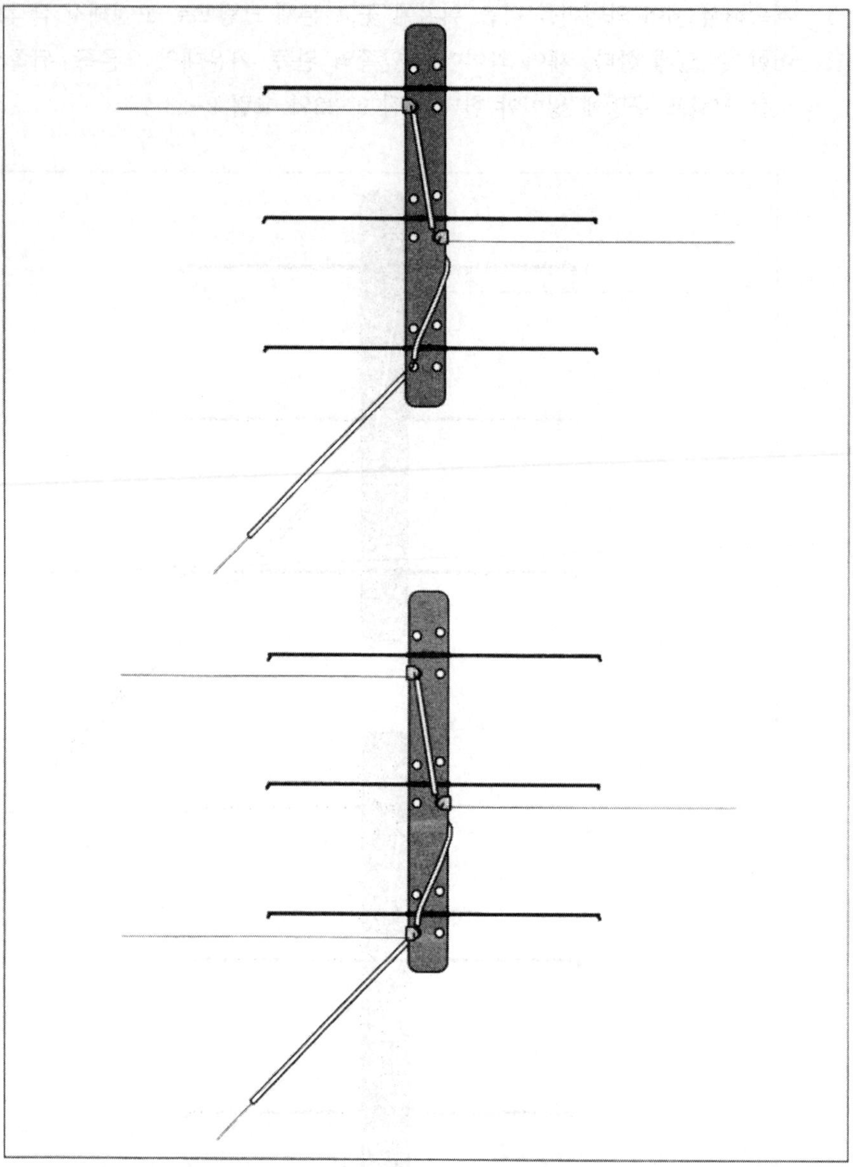

그림 9-33 뒤쪽의 왼쪽에 있는 구멍에 왼쪽으로 기운 본체 크림프를 꽂아 제어 와이어를 고정하기

뒤쪽 크림프를 설치할 때는 제어 와이어로 본체를 한번 감아서 와이어가 본체의 아래쪽에서부터 구멍으로 들어가게 한다.

비슷한 순서로 나머지 와이어를 반대편 구멍에 꽂아 연결한다. 그림 9-34를 참조한다.

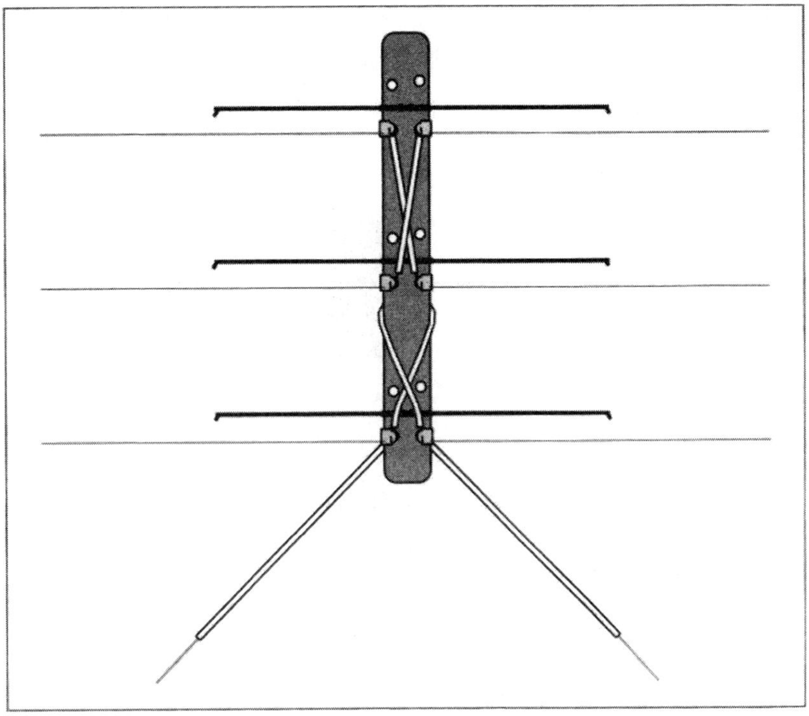

그림 9-34 본체에 제어 와이어와 크림프를 고정한 모습

마지막으로 집게를 사용하여서 크림프의 납작한 부분을 본체에 대하여 45° 각도가 되도록 구부려 주면 제어 와이어와 본체 크림프 조립이 모두 끝난다(그림 9-35). 이렇게 하면 니티놀 작용자 와이어가 다리를 뒤쪽에서, 그리고 약간 아래쪽에서 끌어당기게 된다.

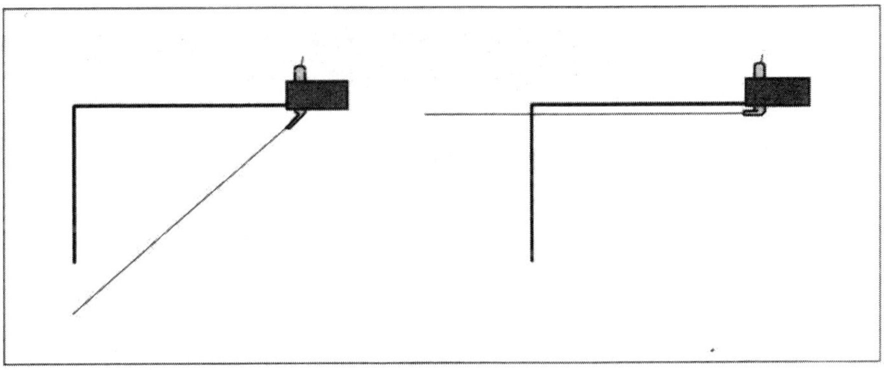

그림 9-35 본체 크림프 마무리(뒤쪽에서 단면으로 본 모습)

⑤ **다리 크림프 연결하기** : 각각의 니티놀 와이어 작동자에 매듭을 만드는데, 수직 조인트 가까이에서 무릎쯤에 오게 만든다(그림 9-36). 집게로 매듭을 조여서 0.1mm가 되게 한다.

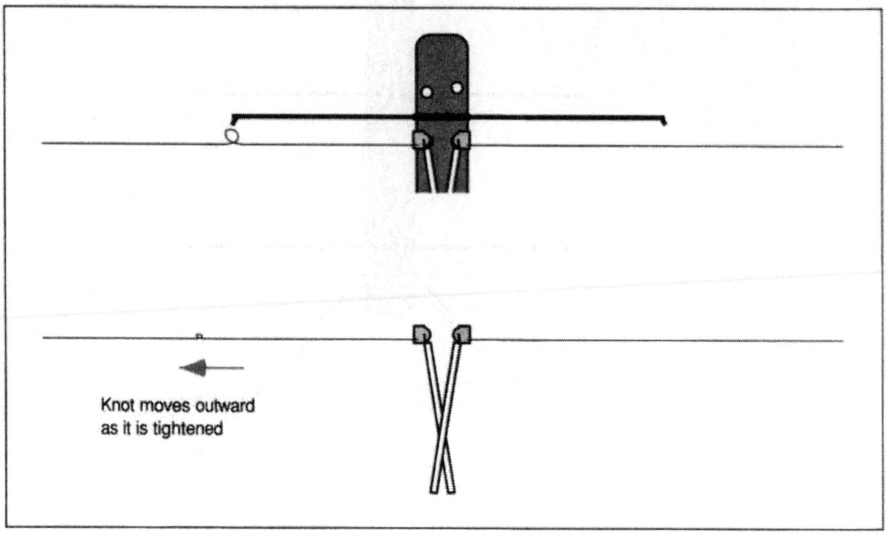

그림 9-36 다리 크림프 매듭의 위치

600-그릿 사포로 매듭과 무릎 부근의 수직 조인트를 닦아준다. 4mm 다리 크림프를 꺼내어 수직 조인트에 끼워 넣고 무릎까지 밀어 올린다(그림 9-37).

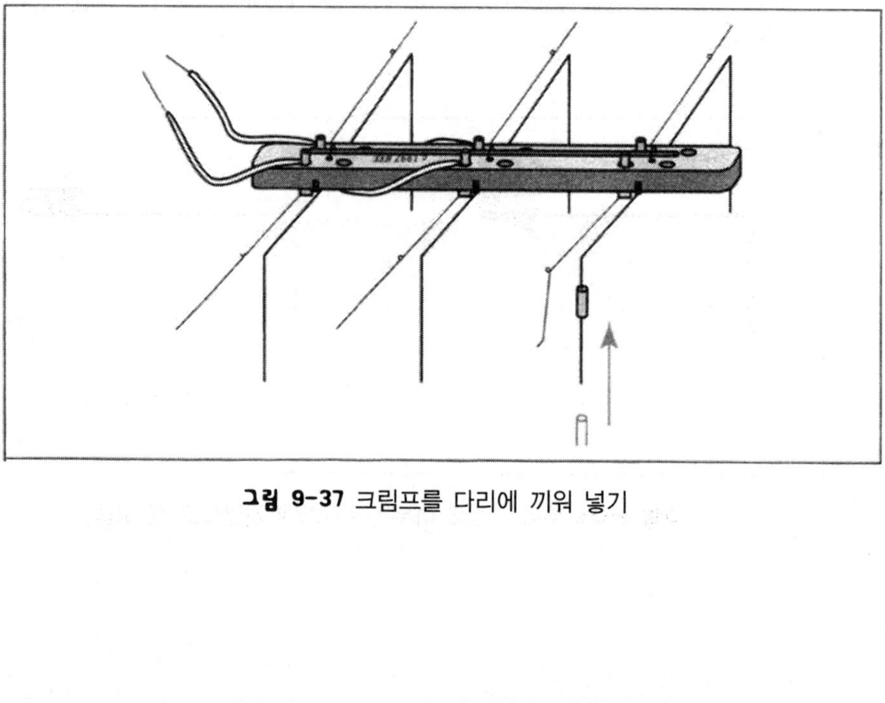

그림 9-37 크림프를 다리에 끼워 넣기

니티놀 와이어를 크림프에 끼워 넣는다(그림 9-38).

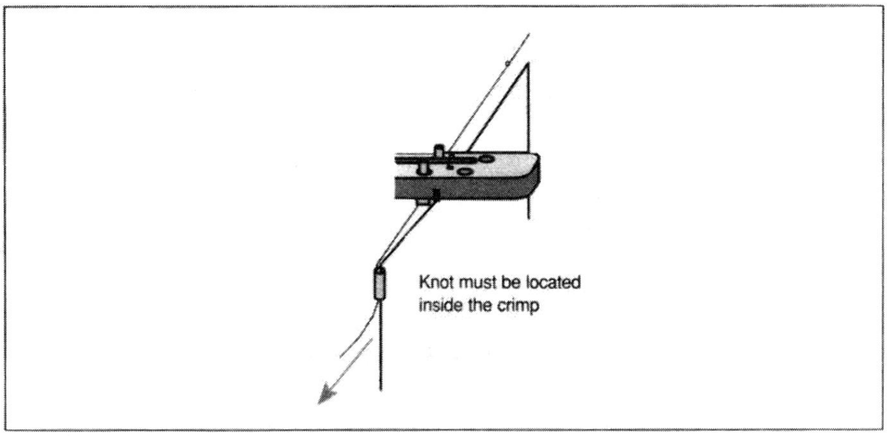

그림 9-38 크림프에 와이어 끼워 넣기

와이어를 팽팽하게 당겨 수평 조인트가 약간 휘는 듯한 느낌이 나게 한다. 약간 휘는 것이 니티놀 작동자 와이어가 느슨하지 않다는 표시가 된다. 만약 다리에 휨이 없으면 충분한 장력이 없음을 의미한다. 만약 2mm 이상으로 휘면 장력이 너무 많이 주어졌음을 의미한다. 그림 9-39를 보시오.

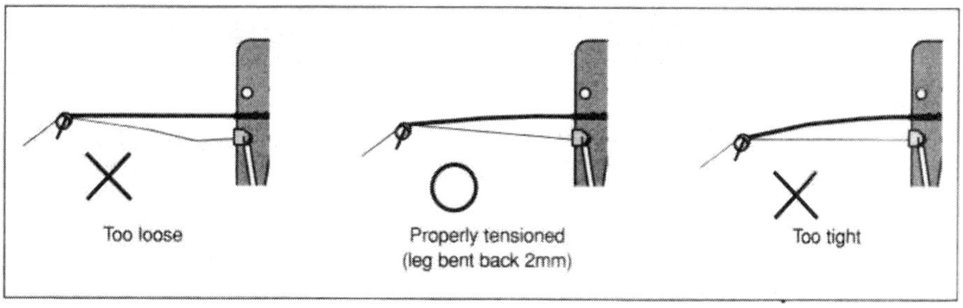

그림 9-39 적절한 장력이 주어진 경우(○)와 그렇지 않은 경우(×)

니티놀 작동자 와이어는 본체에서 가장 가까운 방향으로 크림프에 꽂아져야 한다. 매듭이 크림프 안에 위치하게 만들어야 한다. 이런 조건이 충족되면, 집게를 사용하여 크림프의 아래쪽 3.5mm를 매듭이 걸릴 정도로만 납작하게 한다(그림 9-40).

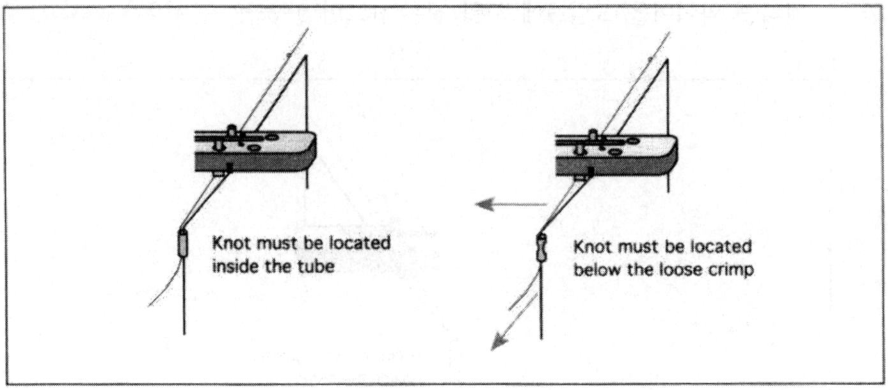

그림 9-40 크림프 풀기

크림핑을 하면 작동자 와이어의 장력이 변하여 와이어가 느슨하게 될 수 있다. 크림프가 아직 헐거울 때 와이어를 당겨서 장력을 조정한다(수평 조인트가 약간 휘는 느낌이 나야 한다). 작동자 와이어가 팽팽해지면, 와이어를 꽉 잡은 채로 크림프를 단단하게 조여 준다(그림 9-41).

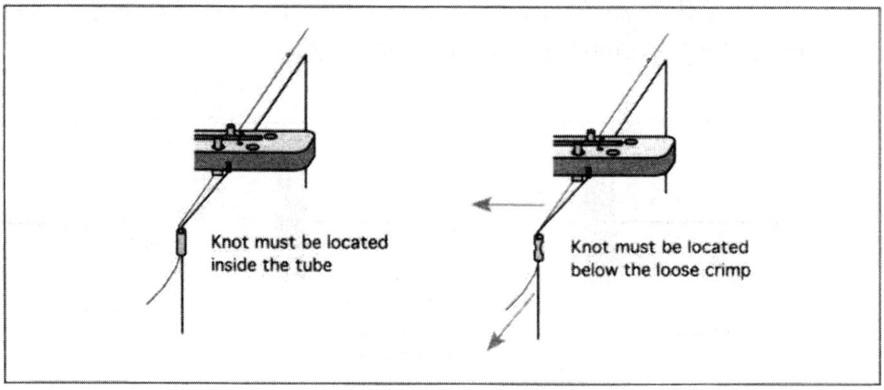

그림 9-41 크림프 조이기

본체의 홈 가까운 곳에 있는 다리에서 본체의 위쪽으로 돌출되어 있는 본체 크림프로 흐르는 전류의 저항을 측정한다. 초기 저항값이 5~7Ω 사이이어야 한다. 연결부위가 노쇠하여짐에 따라 저항이 15~25Ω 정도로 증가할 것이다. 1.5V AA 건전지를 사용하여 본체 부근의 다리와 본체 크림프에 전류를 흐르게 함으로써 작동자의 변화를 시험해 본다. 이때 전류를 0.5초 이상 걸지 않음으로써 작동자 와이어가 과열되는 것을 방지한다. 수직 조인트에서 측정했을 때 3~7mm 정도 뒤쪽 방향으로 다리가 즉시 휘어지고, 다시 원래 상태로 되돌아와야 한다. 그림 9-42를 보시오.

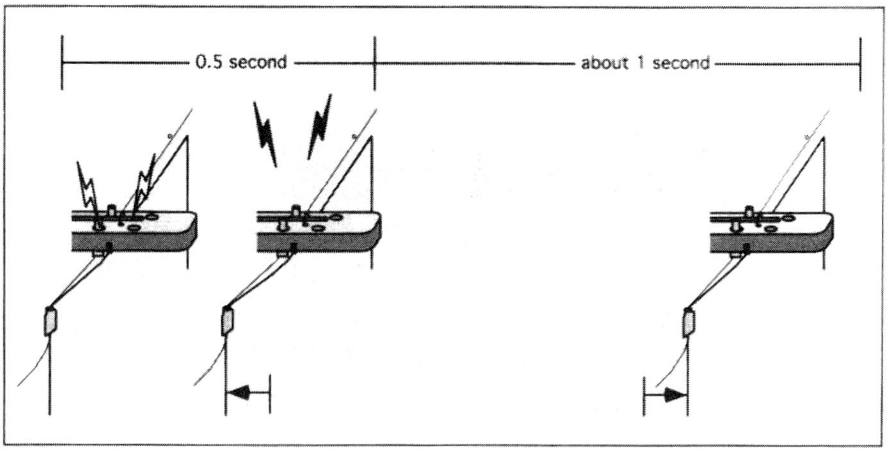

그림 9-42 작동자 시험하기

다리 크림프 설치를 마친 후에는 다리와 작동자 결합을 시험한다.

시험 결과가 성공적이면, 나머지 다리 크림프를 설치하고 시험해 본다. 그림 9-43과 그림 9-44에 있는 완성된 모습을 참조한다.

그림 9-43 작동자가 완성된 모양(측면)

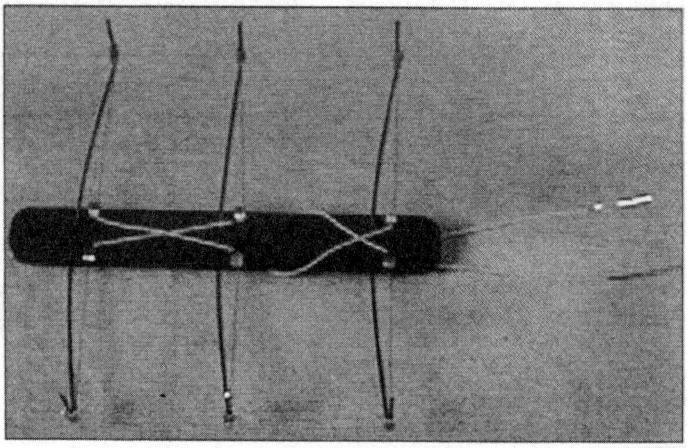

그림 9-44 작동자가 완성된 모양(아래쪽 모습)

⑥ 톱니바퀴 발 : 다리 크림프를 교체해야 할 경우, 톱니바퀴 발을 만들기 전에 반드시 작동자를 시험해야 한다. 수직 조인트의 끝을 뒤쪽으로, 그리고 약간 바깥쪽으로 구부려 발목과 톱니바퀴 발을 만든다. 톱니바퀴 발은 길이가 약 2mm 정도이어야 하고, 수직 조인트와 110° 각도를 이루어야 한다. 발목은 로봇의 앞쪽을 바라보게 만들어야 한다. 그림 9-45를 참조한다.

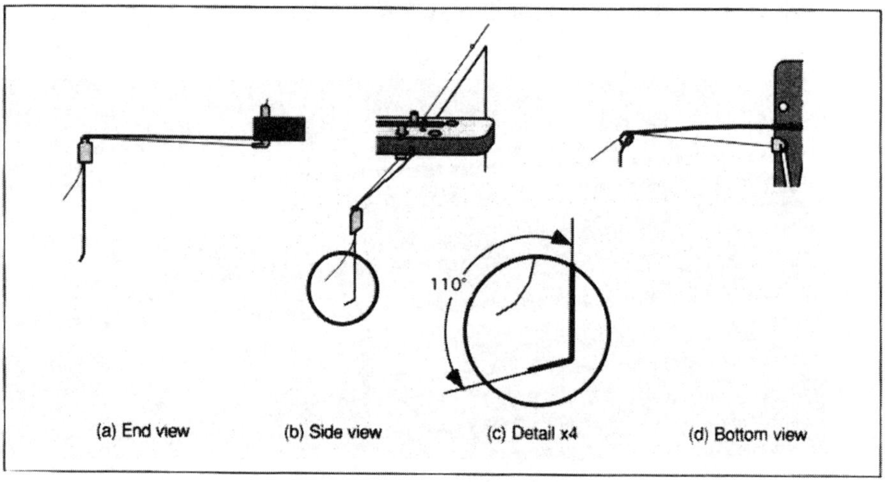

그림 9-45 톱니바퀴 발

이렇게 하면 로봇이 완성된다(그림 9-46과 그림 9-47).

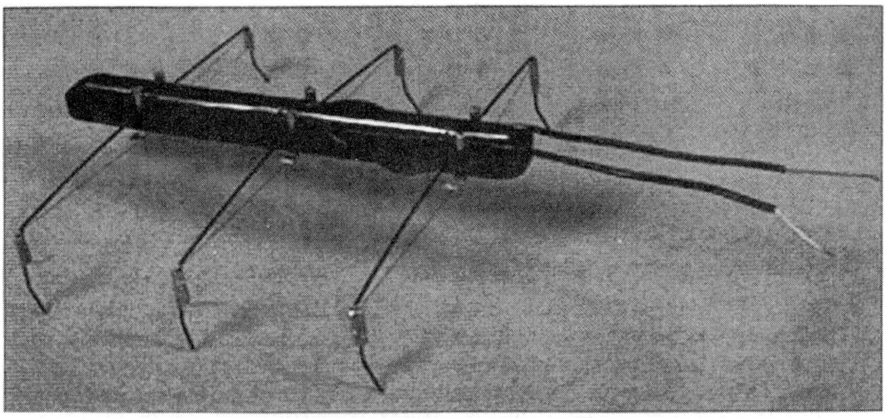

그림 9-46 완성된 로봇의 옆모습

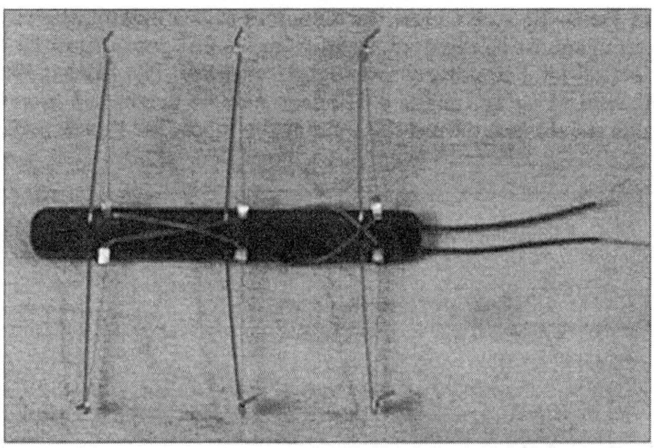

그림 9-47 작동자가 완성된 모양(아래쪽 모습)

7) 스티키토 걷게 하기

스티키토는 삼각보행(tripod gait)의 방법으로 걷도록 제어된다. 본체 크림프를 제거하고 제어 와이어를 새로 연결하면 다른 보행 방법으로 걸을 수도 있다. 보다 복잡한 보행 방법을 제어하기 위하여 각 다리를 따로 연결할 수도 있다. 특히, 독립제어 방식의 로봇(autonomous robot)에 하드웨어제어기를 사용할 경우에 그렇다.

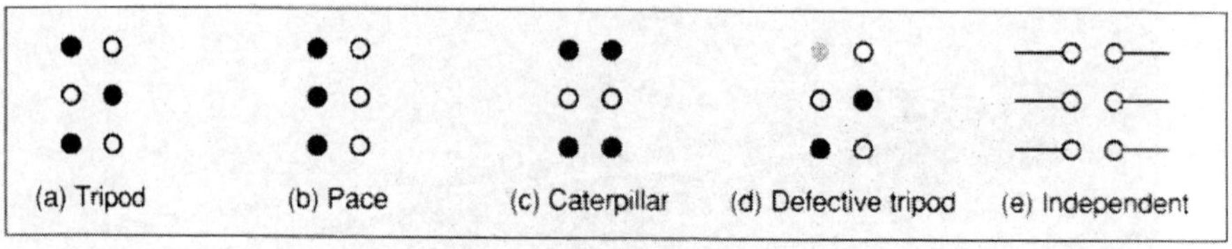

그림 9-48 보행 방법 알고리즘

이 책에는 세 가지 유형의 제어기에 대하여 안내되어 있다.

- 6장 – 수동제어기. 수동제어기는 두 개의 온앤드오프(on and off) 스위치가 전부이다. 두 스위치는 니티놀 와이어에 전류를 보내거나 끊음으로써 다리가 움직이게 한다. 이 제어기는 스티키토 로봇을 시험하고 스티키토 로봇이 제대로 작동하는지를 확인할 수 있는 손쉬운 방법을 제공해 준다.

- 7장 – PC 기반제어기. 개인용 컴퓨터에 프로그램을 입력하여서 스티키토의 보행을 제어할 수 있다. 프로그램은 개인용 컴퓨터의 병렬포트, 부착된 회로기판, 그리고 니티놀 와이어에 전류를 보낼 수 있는 추가 전력 공급원을 사용하게 된다. 로봇에 부착하기 전에 LED를 사용하여 프로그램이 제대로 작동하는지 확인하기 위하여 시험기판을 만든다. 이 제어기를 만드는 데 필요한 모든 재료가 포함되어 있는 재료 상자를 부록 B에 나열된 재료상점에서 구입할 수 있다.

- 8장 – 아날로그제어기. 스티키토의 본체 위에 얹어서 로봇의 삼각보행을 제어할 수 있는 회로기판을 만들 수 있다. 이런 회로는 니티놀에 주기적으로 전류를 보내게 되고, 그 주기 간격은 조정할 수 있다. 이렇게 하면 스티키토는 독립적으로 작동하게 된다. 이 제어기를 만드는 데 필요한 모든 재료가 포함되어 있는 재료 상자도 부록 B에 나열된 재료상점에서 구입할 수 있다.

구체적인 설명과 만드는 방법을 보기 위해서는 위에 열거된 장들을 참조하면 된다. 7장과 8장에 설명된 회로 재료들은 이 책에 포함되어 있지 않다는 것을 명심해야 한다.

8) 연습문제

(1) 다음 용어의 뜻을 적어 보라.

① 작동자(actuator)

② 버스(bus)

③ 제어기(controller)

(2) 스티키토가 분당 10cm를 걷는다고 할 때, 그 속도가 시간당 킬로미터로 표시하면 얼마나 되는가? 시속 100km를 달리는 자동차와 비교해 보라.

(3) 니티놀은 가열하면 10% 정도까지 그 길이가 변한다. 냉각되었을 때의 길이와 가열되었을 때의 길이를 단위로 사용하여서 길이의 변화 비율을 구하는 공식을 만들어 보라.

(4) 다음 실험은 니티놀 와이어가 수축되는 길이를 측정하기 위한 것이다. 니티놀의 원래 길이와 수축되었을 때의 길이를 측정한다. 와이어가 너무 많이 수축되는 것을 방지하도록 재빠르게 수축된 길이를 연필과 종이를 사용하여 표시한다.

① 스티키토에 다리 하나와 니티놀 와이어 하나를 연결하여 시험하는 데까지 완성한다(그림 9-42에 있는 시험까지).

② 밀리미터 단위까지 표시되어 있는 자를 사용하여 니티놀 와이어가 식었을 때의 길이를 측정한다.

③ 다음으로, 탁사 위에 종이 한 장을 깔고 그 위에 로봇을 뒤집어 놓고 붙잡는다.

④ 다리에 3V의 전류를 흘려보내서 니티놀이 더 이상 수축되지 않을 때까지 기다렸다가 그 위치를 종이 위에 표시한다(무릎 부분을 종이 위에 표시한다).

⑤ 전류를 끊는다.

⑥ 니티놀이 수축되어 로봇을 움직이기 전에 종이 위에 그 위치를 표시한다.

⑦ 로봇을 움직여서 그 거리(즉, 수축된 거리)를 측정한다.

⑧ 수축되는 비율을 계산하라.

(5) 스티키토에 어떤 변화를 주어야 그 다리를 따로 제어할 수 있게 만들 수 있는지 설명해 보라.

(6) 스티키토에 어떤 변화를 주어야 2° 정도의 여유를 가지고 움직이게 할 수 있는지 설명해 보라.

(7) 스티키토가 걷는 모습을 관찰하라. 생명체가 걷는 것과 비교해 보라. 어떤 점에서 비슷한가? 어떤 점이 다른가? 스트키토와 비슷한 생명체는 어떤 것들인가?

(8) 스트키토를 더 잘 걷도록 하기 위하여 어떤 점을 개선해야 하겠는가?

9) 참고문헌

(1) Dynalloy, Inc. *Technical characteristics of FlexinolTM actuator wires.*

(2) Gilbertson, R.G. 1992. Working with shape memory wires. San Leandro, Calif.: Mondo-Tronics.

(3) Mills, J. W. 1992. Area-efficient implication circuits for very dense Lukasiewicz logic arrays. *Proc. 22nd Int'l Symp. Multiple-Valued Logic.* Sendai, Japan: IEEE Press.

(4) Mills, J., and C. Daffinger. 1990. An analog VLSI array processor for classical and connectionist AI. *Application Specific Array Processors.* Princeton, N.J.: IEEE Press.

(5) Brooks, R. 1990. A robot that walks: Emergent behaviors from a carefully evolved network. *Neural Computation 1,* no. 2:253-262.

(6) Beers, R. 1991. An artificial insect. *American Scientist 79* (Sept.-Oct.): 444-452.

(7) Wilson, E. O. 1975. *Sociobiology: The new synthesis.* Harvard University Press.

(8) Ballard, D. H., and C. M. Brown. 1982. *Computer Vision.* Englewood Cliffs, N.J.: Prentice Hall.

(9) See Chapters 7 through 9 for examples.

10
스티키토 로봇을 위한 수동식 제어기 제작

Practice of Baisic Mechatronics

1) 머리말

이 장에서는 스티키토의 보행을 시험할 수 있는 작은 수동제어기에 대하여 설명한다. 재료 상자에는 수동제어기를 만드는 데 필요한 재료가 포함되어 있다. 이 제어기는 두 개의 스위치가 그 구성의 전부이다. 이들은 전류를 니티놀에 흐르게 하고 차단하는 일을 함으로써 다리를 움직이게 한다. 이 제어기를 사용하여 쉽게 스티키토를 시험할 수 있고 스티키토가 제대로 걷는지를 확인할 수 있다.

이 장의 마지막 절은 문제점 해결에 관한 내용을 담고 있다. 로봇을 사용한 경험들을 토대로 하여, 흔히 생기게 되는 문제점의 징후와 원인을 열거하였다.

제어기를 만들기 전에 먼저 스티키토 재료 상자에 남은 재료들과 도구들, 그리고 9V 건전지를 준비해 둔다.

2) 수동제어기 만들기

수동제어기는 제어기를 선으로 연결하여 보행을 제어하는 방법들을 시험하기에 좋다. 단순하며, 오류의 가능성이 거의 없다. 설명된 대로만 사용하면, 니티놀 작동자 와이어를 손상시킬 수 있는 과열의 염려도 없다. 수동제어기는 9V 건전지에 연결된 두 개 한 조의 스위치이다. 두 스위치를 번갈아 누름으로써 그 다리에 동력을 제공하여 스티키토를 걷게 한다. 만약, 수동제어기를 사용하였을 때 스티키토가 제대로 걷는다면, 다른 장에 설명되어 있는 제어 회로들 또한 동일하게 잘 작동해야 할 것이다.

수동제어기를 만들 때 우선 플라스틱 손잡이 부분부터 시작한다(그림 10-1).

그림 10-1 주조된 플라스틱 수동제어기 손잡이 부분

재료 상자에서 28AWG 구리 와이어 랩 와이어를 꺼내어 120mm 길이로 두 개를 자른다. 양 끝에서 12mm만큼의 피복을 벗겨낸다(그림 10-2).

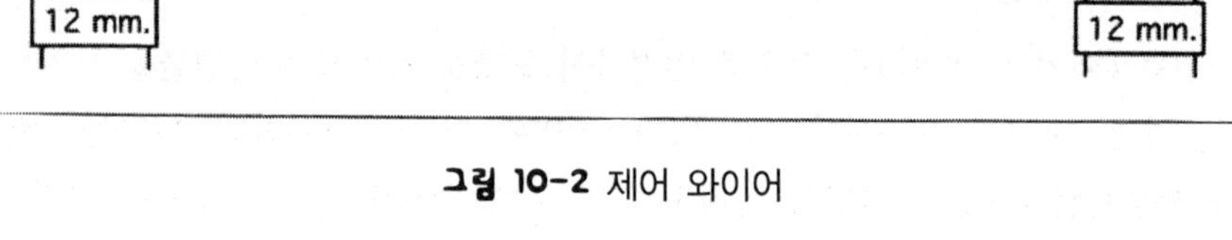

그림 10-2 제어 와이어

양 쪽 끝의 피복 벗긴 부분을 반으로 접어서 6mm 길이로 V자를 만든다(그림 10-3).

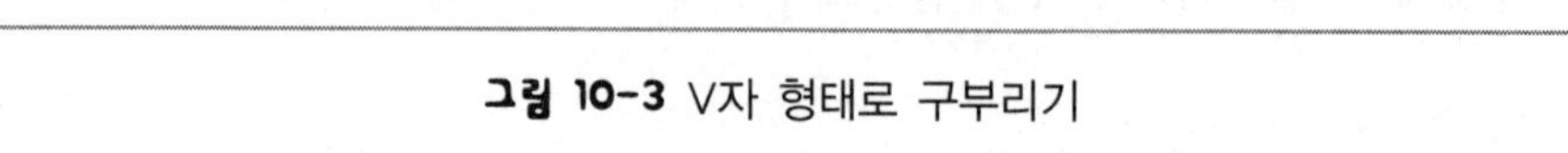

그림 10-3 V자 형태로 구부리기

재료 상자에서 100mm 길이의 알루미늄관을 새로 꺼낸다. 9mm 길이의 크림프를 세 개 만든다. 두 개는 접촉 크림프가 될 것이고, 하나는 파워 크림프가 될 것이다. 4mm 길이의 연결 크림프를 6개 만든다. 대략 40mm 정도가 여분으로 남게 될 것이다. 그림 10-4를 참조한다.

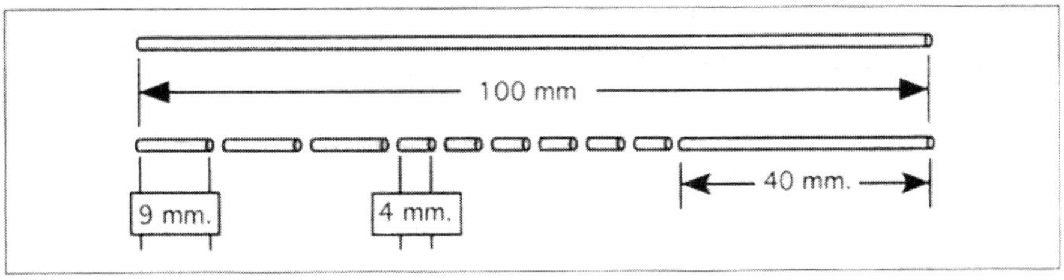

그림 10-4 접촉 크림프, 파워 크림프, 연결 크림프(여분도 표시되어 있다.)

접촉 크림프 조립을 두 개 만든다. 먼저, 9mm 크림프를 와이어의 양쪽 V자 끝에 끼워 넣고 와이어의 끝이 크림프 밖으로 살짝 나오게 만든다. 집게를 사용하여 V자 형태 부분에 있는 크림프를 2mm 정도 납작하게 만든다. 그림 10-5를 참조한다.

그림 10-5 접촉 크림프 조립

크림프의 납작해진 부분을 45° 각도가 되도록 구부린다(그림 10-6).

그림 10-6 접촉 크림프의 45° 기울어진 모습

다음으로 파워 크림프 조립을 하나 만든다. 9V 단자를 꺼낸다. 필요하면, 단자에 연결되어 있는 와이어의 끝에서 5mm 정도의 피복을 벗겨낸다. 와이어에 9mm 크림프를 끼워 피복이 있는 부분까지 밀어 준 후, 피복 가까운 쪽의 끝을 2mm 정도 납작하게 한다. 그림 10-7 참조한다.

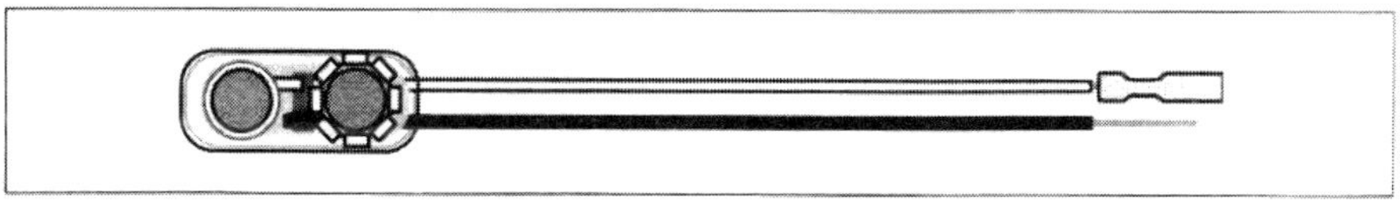

그림 10-7 파워 크림프 조립

재료 상자에서 길이 85mm의 0.020인치 피아노선을 꺼낸다. 와이어의 중앙을 구부려서 15° 각도가 되도록 V자 형태로 만든다(그림 10-8).

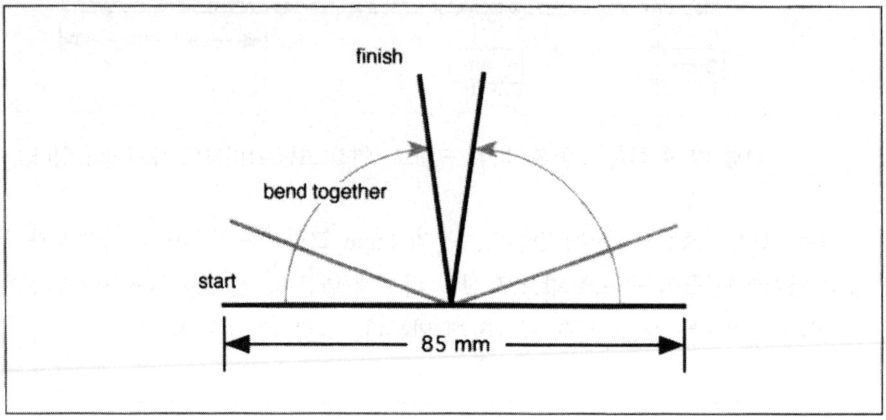

그림 10-8 V자 구부리기

플라스틱 손잡이의 가운데 구멍에 피아노선을 끼워 넣는다. 구부러진 끝 부분에 약간의 틈새가 있게 해야 한다(그림 10-9).

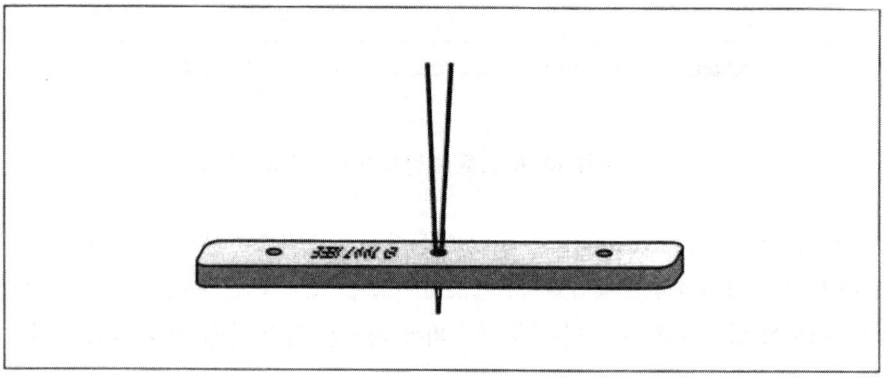

그림 10-9 피아노선 끼워 넣기

피아노선의 구부러진 끝 틈새에 파워 크림프를 끼워 넣는다(그림 10-10). 크림프가 가운데쯤 오게 한다.

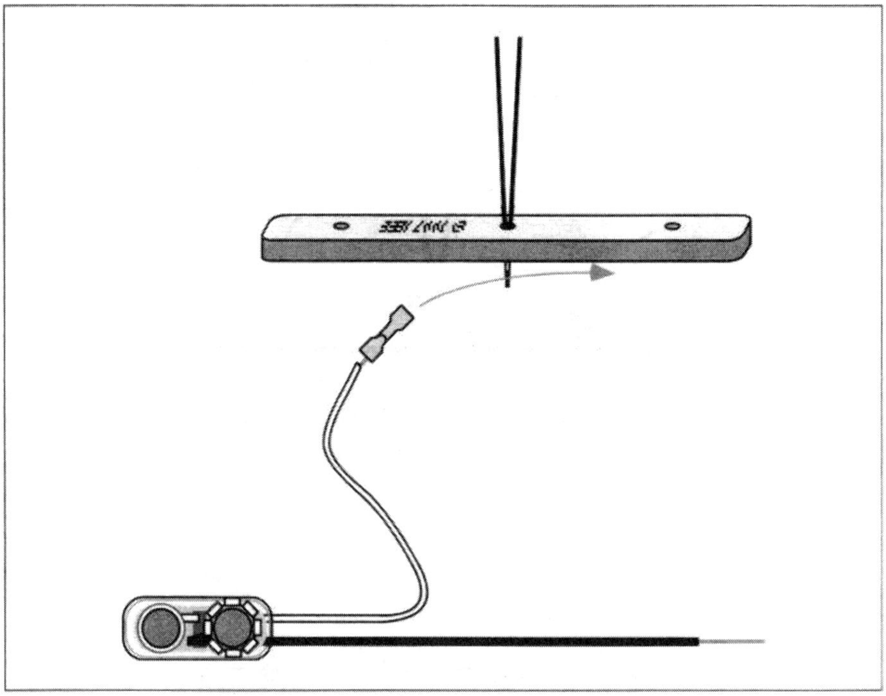

그림 10-10 파워 크림프 끼워 넣기

파워 크림프가 아래쪽으로 놓이게 해서 수동제어기를 딱딱한 바닥에 내려놓는다. 플라스틱 손잡이에서 가능한 한 피아노선 가까운 부분을 엄지손가락을 사용하여 세게 누른다. 다음으로, 피아노선을 펴서 손잡이의 바깥쪽으로 향하게 한다(그림 10-11과 그림 10-12).

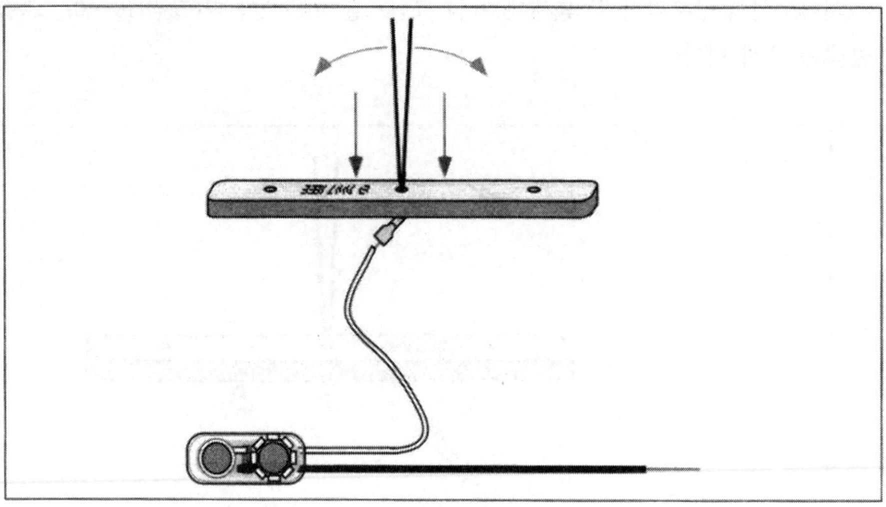

그림 10-11 V자 와이어 바깥쪽으로 펴기. 꽉 눌러서 크림프가 V자에 꼭 끼이게 하면서 피아노선을 바깥쪽으로 펴준다.

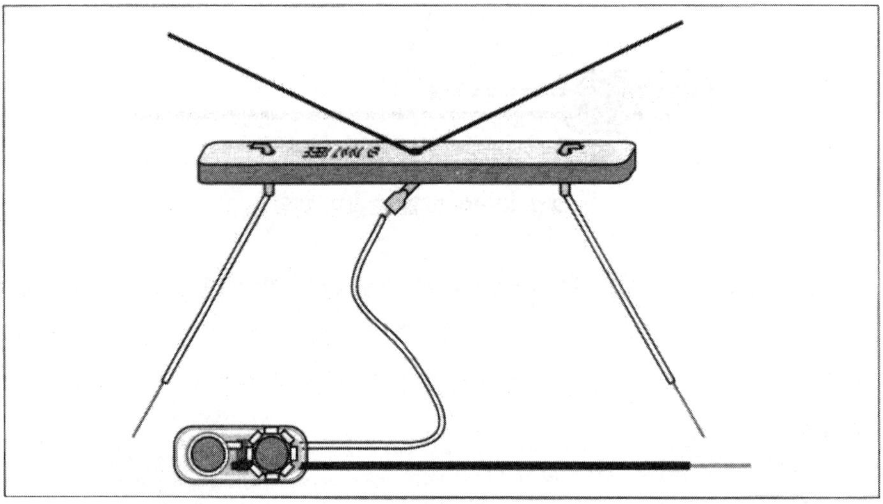

그림 10-12 접촉 크림프 끼워 넣고 구부리기

손잡이를 사용하다 손가락이 찔리는 것을 방지하기 위하여 피아노선의 끝을 바깥쪽으로 구부린다(그림 10-13).

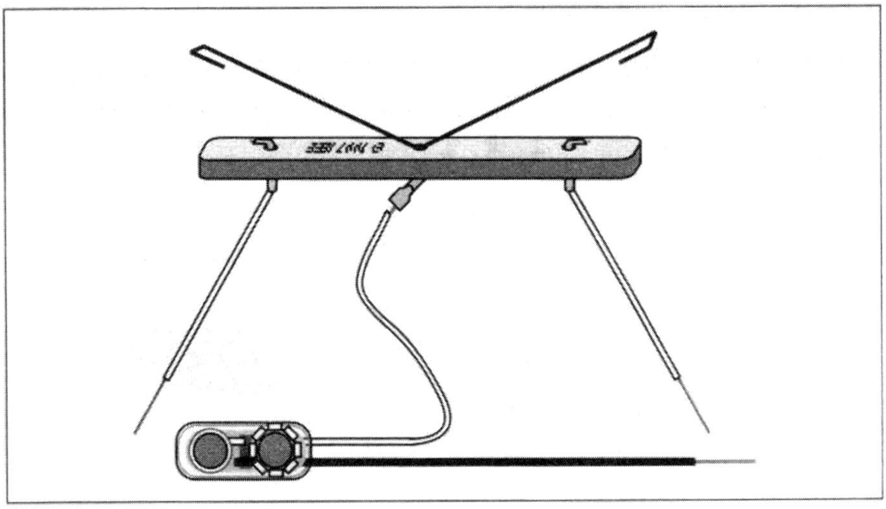

그림 10-13 피아노선 끝 구부리기

손잡이 위쪽의 V자 형태의 두 팔이 스위치 두 개의 수동 작동기 역할을 하게 된다. 손잡이 아래쪽의 구부러진 부분이 파워 크림프와 스위치를 연결해 주게 된다.

이렇게 해서 수동제어기가 완성되었다. 그림 10-14를 참조한다.

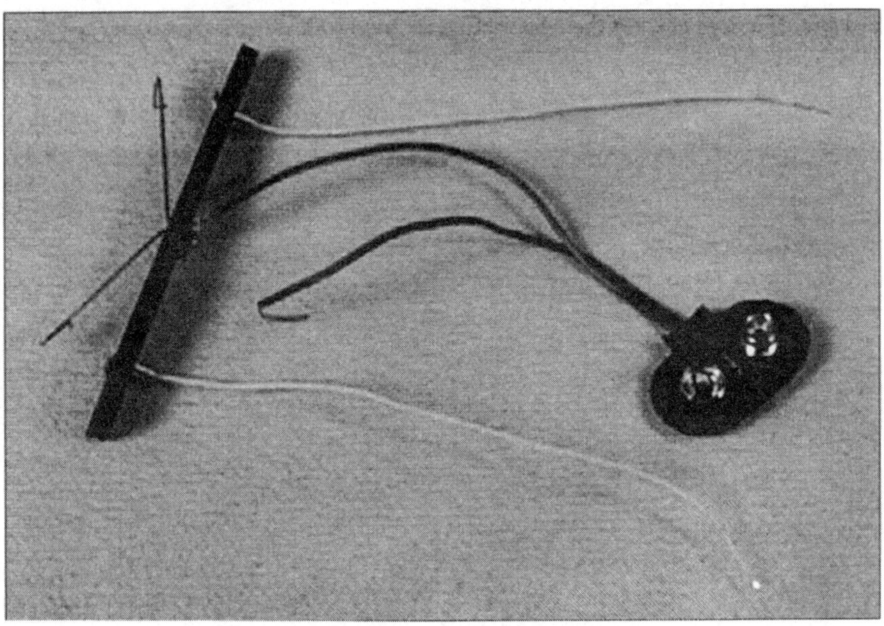

그림 10-14 완성된 수동제어기

3) 스티키토와 제어기 사이에 줄 연결하기

수동제어기를 사용하여 스티키토를 걷게 하기 위해서는 먼저 500mm(50cm) 길이로 34AWG 마그넷 와이어를 세 개 자른다. 각 마그넷 와이어의 양쪽 끝에서 14mm 만큼의 피복을 사포로 문질러 벗겨 낸다(그림 10-15).

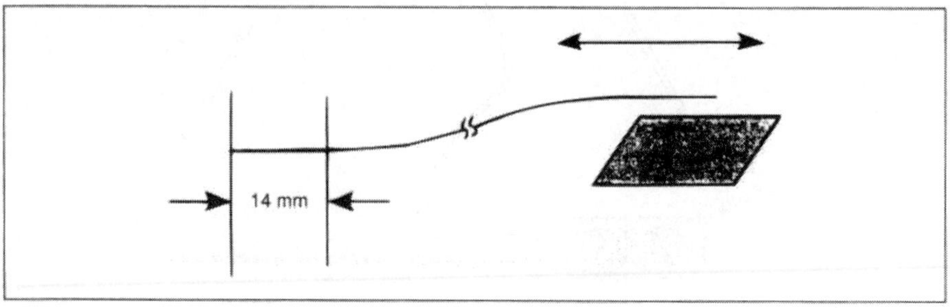

그림 10-15 마그넷 와이어에서 피복 제거하기

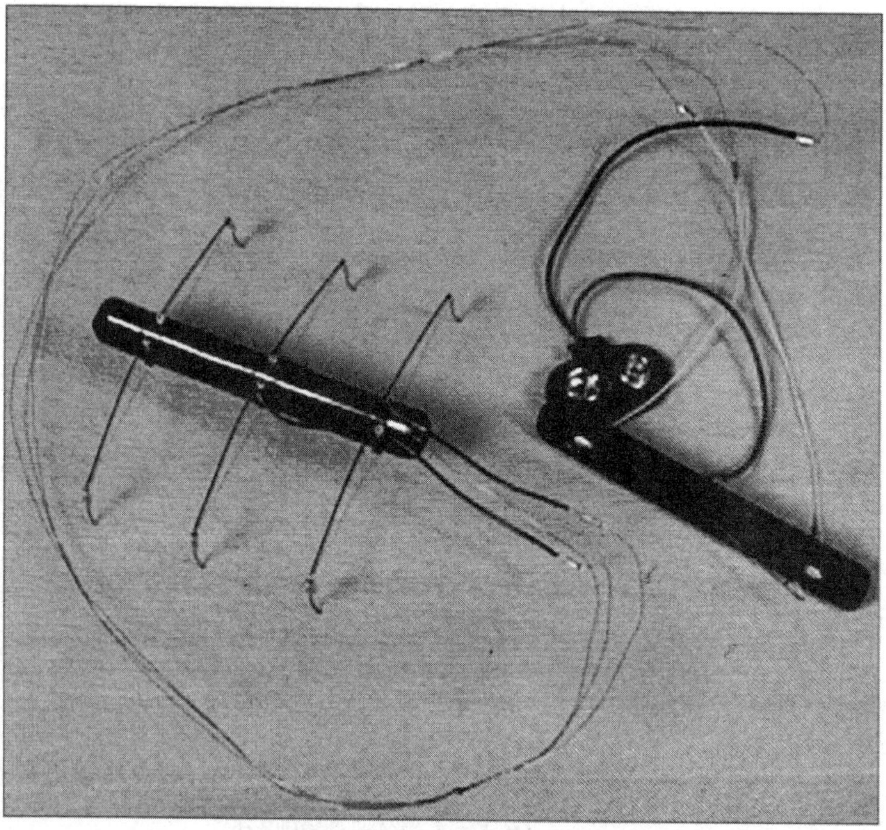

그림 10-16 완성된 스티키토 로봇과 수동제어기

연결 크림프 6개를 사용하여 피복이 벗겨진 마그넷 와이어를 한쪽은 스티키토의 파워 버스와 제어 와이어에 연결되게 하고, 다른 쪽은 수동제어기의 와이어에 연결한다. 이때 스티키토의 파워버스와 건전지 클립을 먼저 연결하여서, 줄을 잘못 연결하는 것을 피하도록 한다. 9V 건전지를 단자에 연결하고 나서, 스위치의 각 팔을 번갈아가면서 순간적으로 누른다. 그림 10-16을 참조한다. 스티키토가 삼각보행 방법으로 걸어야 한다. 만약 그렇지 않으면, 다음 절에서 제시된 문제해결 부분을 참조한다.

4) 문제해결

문제해결은 논리적 추론을 적용하는 과정이다. 프로젝트가 예상된 대로 진행되지 않을 때 생길 수 있는 좌절감을 피하기 위해서는 '*성공하지 않을 것*'이라고 생각해야 한다. 처음부터 이런 태도를 가져야 한다. 그리고 로봇의 작동에 영향을 줄 수 있는 요인과 그 결과로 생길 수 있는(혹은 생기지 않게 되는) 행동유형에 대하여 생각해 본다. 그리고 나서 불가피하게 문제가 발생하면, 로봇이 왜 제대로 작동되지 않았는지에 대하여 몇 가지 가설을 세워볼 수 있을 것이다. 잘못된 가설을 생각할 수도 있지만, 그것은 문제가 되지 않는다. 실험을 통하여 지지되지 않는 가설을 버림으로써 잘못된 가설은 올바른 추론으로 이어질 수 있다. 그림 10-17의 구조도는 문제를 해결하는 과정에서 유용한 참고가 될 것이다. 필요하면 부록 B에 나열된 재료 공급자 혹은 수리 재료 상자 공급자 목록을 참조한다.

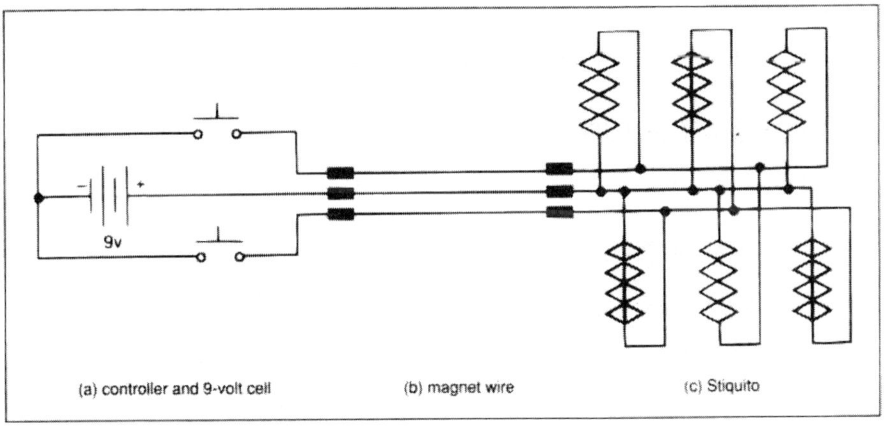

그림 10-17 제어기, 마그넷 와이어, 스티키토 회로 구조

(1) 스티키토가 똑바로 걷는다

완벽하다. 아무 문제도 없다. 작업을 아주 잘 하였다. 축하한다.

(2) 스티키토가 똑바로 걷지 않고, 왼쪽 혹은 오른쪽으로 휘어지게 걷는다

이것은 아주 흔한 경우로써 큰 문제가 아니다. 그 원인은 다리들 중 하나가 휘어졌거나, 혹은 충분히 움직이지 않기 때문이다. 작동자 와이어가 느슨한지, 크림프가 헐겁지는 않은지, 전기 연결이 잘못되었는지(전기 공급원과 다리를 연결하는 선이 중간에 끊어졌거나 저항이 너무 높지 않은지 확인한다), 전기가 충분히 생성되는지(니티놀은 한번 움직일 때 180mA를 소비하여 보통 몇 주 정도 지나면 9V 건전지를 소진하게 된다), 다리가 평행인지, 톱니바퀴 발이 동일한 각으로 휘어져 있는지 등을 확인해 본다.

(3) 스티키토가 전혀 움직이지 않는다

부러지거나 헐거워진 부분(작동자 와이어, 크림프, 제어 와이어, 마그넷 와이어)이 보이지 않으면, 전기 공급원을 확인해 본다. 9V 건전지에 문제가 있을 수 있다. 파워 버스나 본체 크림프에 단락이 있는지 확인해 본다. 연결 크림프에 단락이 있는지 확인한다(테잎을 사용하여 각각 분리시키는 것이 필요할지도 모르겠다). 만약, 톱니바퀴 발이 구부려져 있지 않거나, 혹은 스티키토를 부드러운 표면 위에 놓고 작동시키면 다리가 움직이기는 하지만 표면을 충분히 긁어 내지 못한다-그러면 스티키토가 제자리에서 허우적거리기만 하고 앞으로 걷지는 못한다. 스티키토는 양탄자, 천으로 덮인 책, 판지, 콘크리트와 같이 약간의 결이 있는 표면 위에서 가장 잘 걷는다. 스티키토는 유리, 부드러운 플라스틱, 타일 바닥과 같은 표면 위에서는 잘 걷지 못한다.

(4) 다리가 충분히 움직인다 (4~5mm)

완벽하다. 스티키토를 조심스럽게 잘 만들었다.

(5) 다리가 전혀 움직이지 않는다

아마도 원인은 작동자 와이어가 매우 느슨하거나 9V 건전지에 문제가 있기 때문일 것이다. 전압계로 건전지를 확인해 본다. 건전지에 문제가 없으면 제어 와이어와 본체 크림프 사이의 전기 연결을 확인해 본다. 전압계를 사용하거나 회로의 여러 부분에 전기를 흐르게 하여 다리가 움직이는지 본다. 다리 하나를 시험하는 데 9V 전기를 사용하면 안된다. 작동자 와이어가 끊어지게 될 것이다. 작동자 와이어 하나를 시험할 때는 1.5V AA 건전지를 직렬로 연결하여 나오는 3V 전류를 사용한다. 만약, 제어 회로의 어떤 부분을 시험하는데 다리가 움직이지 않으면, 그 지점과 작동자 와이어 사이에 연결이 끊어진 부분이 있음을 의미한다. 전기 연결에 문제가 없으면 작동자 와이어를 검사한다. 작동자 와이어가 느슨하거나, 본체 크림프 혹은 다리 크림프가 단단하게 접합되어 있지 않으면 작동자가 너무 느슨하여 제대로 작동하지 않는다. 작동자 와이어를 팽팽하게 당겨준 후 (아마도 오래된 다리 크림프를 제거하고 새 것을 붙여야 할 수도 있다), 다리를 다시 시험한다. 이제 제대로 작동할 것이다.

(6) 다리가 조금만 움직인다 (1~3mm)

아마도 작동자가 느슨하기는 하지만, 느슨함을 상쇄하고 다리를 움직일 수 있을 정도는 되는 경우이다. 작동자를 팽팽하게 당겨주고 다리 크림프를 교체한다. 다른 원인은 크림프가 노쇠하면서 저항이 증가한 경우이다. 알루미늄 산화물이 크림프 안에 쌓이게 된다. 다리를 움직여서 크림프 안의 매듭을 팽창하게 함으로써 알루미늄과 접촉되는 부분을 개선해 주면 문제가 경감될 수 있다. 또는 크림프를 꽉 눌러주면 전기 연결을 개선하는데 도움이 된다.

(7) 다리가 발작적으로 움직인다

아마도 간헐적인 단절이나 단락이 생긴 경우이다. **다리가 계속해서 뒤쪽으로 경련을 일으키며 움직이는 것이** 조금씩 증가하면, **전기를 즉시 끊어야 한다**. 그렇지 않으면 작동자 와이어가 손상될 수 있다. 스위치와 접촉되는 부분에 간헐적인 연결이 있지 않은지 수동제어기를 살펴보아야 한다.

(8) 다리가 가열되거나, 연기나 나거나, 본체 크림프 부근의 플라스틱이 녹는다

작동자 와이어를 처음 사용할 때 약간의 연기가 나는 것은 흔한 일이다. 아마도 기름이나 산화물이나 니티놀 와이어가 타는 것일 것이다. 그러나 **연기가 많이 나거나**(재떨이에 놓은 담배꽁초에서 나는 정도), **플라스틱이 타거나 녹는 것처럼 뭔가 타는 냄새가 나면** 즉시 전원을 꺼야 한다. 그렇지 않으면 작동자 와이어가 손상될 수 있다. 전선에 단락이 생겼기 때문일 수 있다. 느슨한 작동자를 1초 이상 가열하기 때문일 수도 있다. 느슨한 작동자는 작동하지 않는다. 다리에 계속해서 전기를 공급하면 니티놀 작동자 와이어를 과열시키고, 와이어를 손상시키며, 본체 크림프를 과열시켜 플라스틱 본체를 녹게 할 것이다.

(9) 다리가 얼마동안 잘 작동하다가 전혀 움직이지 않게 된다

작동자 와이어가 느슨해졌거나, 연결이 끊어졌거나, 혹은 건전지가 소진되었기 때문이다. 작동자 와이어가 느슨한 것이라면, 다시 팽팽하게 만들고 크림프를 새로 해야 할 필요가 있을 지도 모른다. 연결이 끊어졌는지 확인하는데, 특히 마그넷 와이어가 접합된 곳을 주의한다. 9V 건전지 새것을 사용해 본다.

(10) 다리가 얼마 동안 잘 작동하다가 움직임이 2mm 이상 줄어든다

아마 작동자가 약간 느슨하기는 하지만 느슨함을 상쇄하고 다리를 움직일 만큼은 팽팽한 것일 것이다. 다른 이유는 크림프가 노쇠하면서 저항이 증가하였기 때문일 수 있다. 다리에 전기를 걸어보거나 본체 크림프와 다리 크림프를 다시 눌러주어서 전기 연결을 개선한다.

(11) 마그넷 와이어나 제어 와이어가 끊어진다

마그넷 와이어는 쉽게 끊어진다. 만약 끊어지면 연결 크림프를 제거하고 약간의 피복을 사포로 문질러 벗긴 후, 새 크림프로 연결한다. 제어 와이어가 끊어진 경우는 아마도 걷는 다리가 바뀌는 과정에서 일어날 것이다. 와이어를 반복하여 구부리면 안 된다. 와이어가 피로하여 끊어질 것이다.

(12) 작동자 와이어가 끊어진다

작동자 와이어가 조립되는 과정에서 끊어지는 경우는 너무 많이 사포질을 했거나 흠이 새겨졌기 때문일 것이다(아마도 피아노선 다리에서 매듭을 제거하는 과정에서). 작동자 와이어도 처리하는 과정에서 동일한 원인에 의하여 끊어질 수 있다. 하나의 작동자에 9V 건전지를 사용하면 안 된다. 와이어가 너무 빨리 수축하여 다리의 내성을 이기지 못하여 작동자 와이어가 끊어질 것이다.

5) 다른 제어기들

수동제어기를 사용하여 스티키토를 걷게 하는 방법을 습득하고 나면, 이제 아날로그 혹은 디지털제어기를 사용할 준비가 된 것이다. 어떻게 스티키토를 제어할 수 있는지 더 알아보려면 이 책의 7, 8장 혹은 133쪽의 스티키토 책을 참조한다.

6) 연습문제

(1) 마그넷 와이어의 피복을 사포로 왜 벗겨 내야 하는가?

(2) 스티키토 파워버스에 건전지 클립 와이어를 연결할 때 어떤 와이어를 사용하느냐가 문제가 되는가? (검은색 혹은 붉은색) 그렇게 생각하는 이유가 무엇인가?

(3) 9V 건전지가 얼마나 오래 가는가? 9V 건전지로 스티키토를 얼마나 오랫동안 움직일 수 있는지를 알려면 건전지에 저장되는 전류의 양이 얼마나 되고, 스티키토가 얼마나 많은 전류를 사용할 수 있는지를 고려해야 한다.
건전지의 저장 용량은 mA 시간으로 표시된다. 이를 테면, 200mA 시간 건전지는 200mA의 전류를 한 시간 동안, 또는 100mA의 전류를 두 시간 동안 제공할 수 있다. 당신이 스위치를 누르는 것에 따라서, 스티키토의 다리 세 개가 1초 동안 움직이고, 그리고 나서 1초 동안 모든 다리가 쉬었다가, 이번에는 다른 쪽 다리 세 개가 1초 동안 움직이고, 다시 모든 다리가 1초 동안 쉬게 된다고 가정하자. 각 다리는 180mA를 사용한다. 200mA 시간 건전지를 소진하는 데 얼마나 시간이 걸리겠는가?

7) 참고문헌

(1) Conrad, J.M., and J.W. Mills. 1997. *Stiquito: Advanced experiments with a simple and inexpensive robot*, Los Alamitos: Calif.: IEEE Computer Society Press.

11
스티키토 로봇용 PC-기반제어기 제작

Practice of Baisic Mechatronics

스티키토 로봇의 보행을 제어하는 융통성 있는 방법 중의 하나는 개인용 컴퓨터(PC)를 사용하여 프로그램을 작성하는 것이다. 프로그램을 실행하여 니티놀 와이어의 수축을 제어하고, 그래서 스티키토를 걷게 하는 것이다. 이 장에서는 PC의 병렬포트에 꽂아 넣을 회로를 만드는 방법에 대한 설명한다. 이 장에는 또한 PC 병렬포트의 개념, 기판 회로 만드는 방법, 그리고 스티키토 로봇의 삼각보행을 제어하는 프로그램 작성하는 법 등에 대한 설명이 들어있다.

병렬포트에 연결할 수 있는 회로가 여러 개 있지만, 우리는 PC에서 전류를 끌어 쓰지 않는 회로를 추천한다. 재료 상자도 여러 가지 종류가 있는데, 이 책에 설명된 방법을 살펴봄으로써 부록 B에 나열된 공급자에게서 구할 수 있는 스티키토 병렬포트 재료 상자를 사용하여 스티키토 보행 프로그램을 작성하는 방법에 대한 이해를 할 수 있다.

1) 개관 -회로가 하는 일

인쇄 회로기판(printed circuit board)는 개인용 컴퓨터 병렬 포트에 꽂아 사용한다. 이것은 기판 위에 있는 발광다이오드(LED)가 빛을 내고 또 스티키토를 걷게 하기에 충분한 전류를 생성한다. 발광다이오드는 컴퓨터 프로그램을 작성하는 데 도움을 주기위하여 사용된다. 이 기판을 사용하면 프로그램이 어떻게 실행되고 있는지를 육안으로 쉽게 볼 수 있다. 프로그램이 올바르게 실행되고, 보행이 올바르게 작동되고 있다고 발광다이오드가 표시해주면 이제 스티키토 제어 와이어를 기판에 있는 소켓에 끼워 넣어도 된다.

그림 11-1의 배선 구조는 스티키토에 연결되지 않은 상태의 회로기판 논리를 나타내고 있다. ULN2803 드라이버 칩은 입력 값을 역으로 바꾸어 준다. 이런 방법으로 발광다이오드는 전류가 ULN2803 쪽으로 흐를 때 빛을 낸다. 그림 11-2는 그림 11-1에 스티키토 로봇이 부착된 상태이다. 이 회로도에서는 발광다이오드가 빛을 내면서 니티놀 다리가 수축하게 된다.

그림 11-1에서 보여주고 있는 회로는 스티키토가 연결되지 않은 상태에서 하드웨어와 소프트웨어를 시험하게 된다. 이렇게 해야 회로를 개발하는 과정에서 스티키토의 니티놀

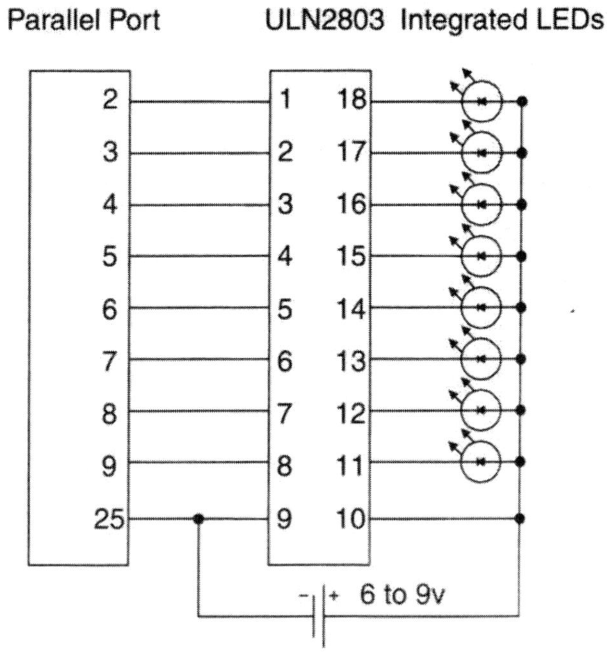

그림 11-1 컴퓨터 병렬포트 제어기용 전기 배선 구조

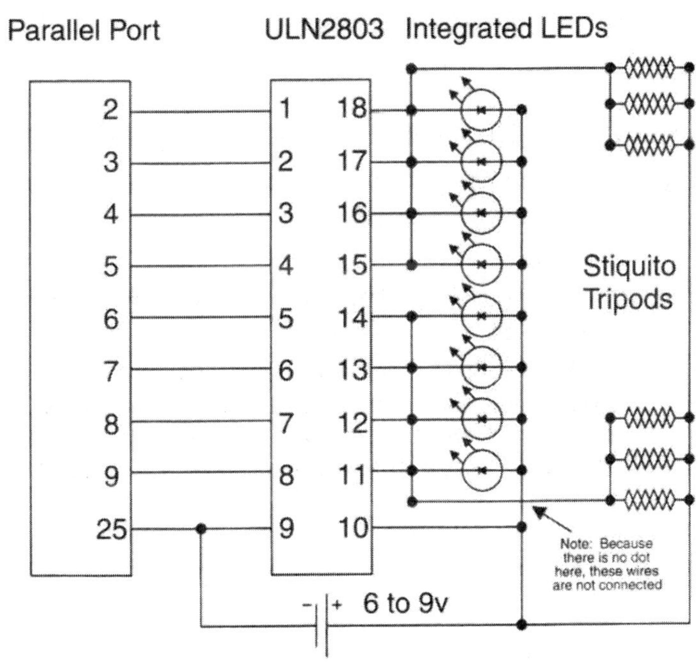

그림 11-2 그림 11-1의 배선 구조에 스티키토를 연결한 모습

와이어가 손상되는 것을 방지할 수 있다. 그림 11-2는 스티키토가 부착된 상태의 회로를 보여준다.

2) 필요한 도구와 규칙

전기 부품을 카드에 납땜해야 하기 때문에 추가적으로 필요한 도구들이 있다. 다음 도구들은 **꼭 필요한** 것들이다.

- 집게(needle-nose pliers)
- 와이어 절단기
- 작은 칼(X-Acto™ 형)
- 납땜인두
- 땜납
- 전압-옴계
- 320-그릿 가는 사포
- 전기테이프

로봇에 전기를 공급하는 9V 건전지가 필요하다. 또는 5V에서 9V 사이의 다른 전기 공급원을 사용할 수 있다(1,000mA의 전류를 제공할 수 있는 건전지 또는 DC 전기 공급원).

※ 인터페이스 카드를 조립하기 위하여 설명을 따라 가면서 다음 표시들(작은 그림 문자)을 주의깊게 보아야 한다.

Cue	Meaning
✓	**Do** take the action indicated. No particular precision is required.
✗	**Don't** do this! It is a mistake.
	**Solder the part** at the point or points indicated.
	**Some variation is allowed.** The dimensions are not critical. Stay within 1 or 2 mm of the specified measurement.
	**A loose or sloppy fit is OK.** Your interface will work fine if the fit is not tight.

3) 주의사항

(1) 납땜인두가 너무 **과열되었다**.

(2) 납땜인두의 뜨거운 금속 부분을 만져서는 **안 된다**. 피복이 덮인 부분을 잡아야 한다.

(3) 납땜인두를 작업대 표면이나 가연성 물질 위에 두면 **안 된다**.

(4) 납땜인두 받침이나 나무조각을 아래에 두어 작업대 표면에 닿지 않게 해야 작업대를 보호할 수 있다.

(5) 인터페이스에 사용되는 집적 회로가 특별히 정전기 주의가 필요한 것은 아니지만, 압정을 사용해서는 **안 된다**.

(6) 겨울이나 건조한 계절에는 집적 회로를 취급하기 전에 먼저 큰 금속 물체(탁자, 문틀 등)에 접지함으로써 정전기를 방전해야 한다.

(7) 이 작업을 할 때는 **항상** 안전 고글을 착용해야 한다.

4) 부품 확인하기

모든 부품이 갖추어져 있는지 확인한다. 그림 11-3에 있는 그림을 보면서 부품이 모두 올바른지 맞춰 본다. 어떤 부품들은 그림에 있는 것들과 *아주 정확하게* 일치하지 않을 수도 있지만, 그 경우에도 매우 흡사해야 할 것이다. 이를 테면, 발광다이오드가 더 클 수도 있고, 회로기판에 구멍이 더 많이 있을 수도 있다.

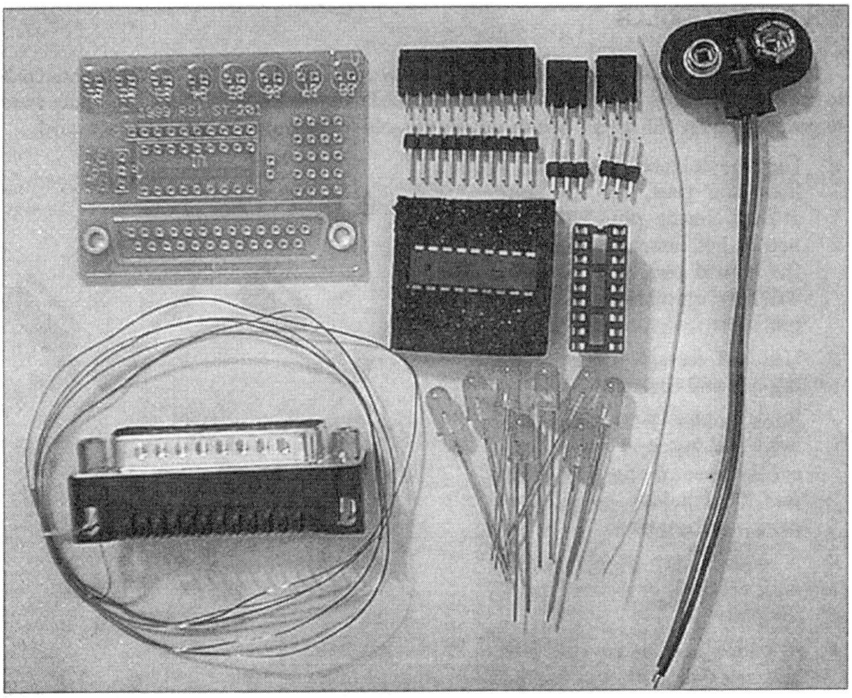

그림 11-3 컴퓨터제어기를 만드는 데 필요한 부품들

양	이름	사용되는 곳 혹은 기판 위에서의 위치
8	집적저항 램프(발광다이오드)	기판의 D1에서 D8까지
1	8-트랜지스터 Darlington Array(ULN2803)	기판의 U1a
1	18핀 DIP 소켓	기판의 U1
2	3핀 소켓	기판의 J2와 연결선
2	3핀 점퍼 포스트	건전지와 스티키토
1	10핀 소켓	기판의 J1
1	10핀 점퍼 포스트	연결선
1	9V 건전지 커넥터(선택사항)	건전지
1	25핀 D-shell 숫커넥터(회로기판 위에 올림)	기판의 J3
1	3선 34AWG 마그넷 와이어 150cm, 또는 150cm 단선 34AWG 마그넷 와이어 세 개	연결선
1	10cm 길이의 28AWG 와이어 랩 와이어	스티키토
1	인쇄 회로기판(콤포넌트 쪽) ST-201	기판

5) 납땜 기술(Soldering technique)

납땜은 부품과 집적 회로를 인터페이스 카드에 물리적으로 그리고 전기적으로 연결해 준다. 납땜을 하는 기본 기술이 여기에 소개된다. 실제로 부품을 인터페이스 카드에 납땜하기 전에 먼저 쓰지 않는 회로기판을 사용하여 연습을 하는 것도 좋다.

- ✓ Use the soldering iron's tip to heat the **pad,** not the integrated circuit pin. When the pad is hot, touch the solder to the heated pad, and the solder will flow onto the pad and the pin.
- ✓ Use just enough solder to wet the pin and cover the pad.
- ✓ Each solder joint should be bright, shiny, and have flowed evenly around the pin on the pad. The solder on adjacent pads must not touch.

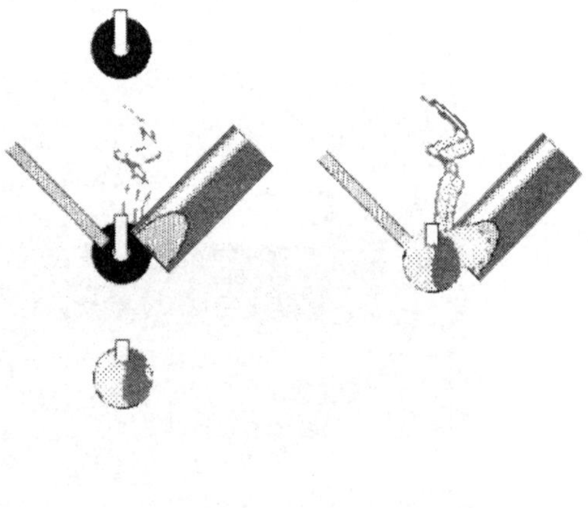

✗ A solder joint should **not** be dull, cracked, or beaded up on the pad.

✗ A solder joint must **not** cross between two pads, or a pad and a trace. This will create a short circuit. Your interface card will almost certainly **not work correctly.**

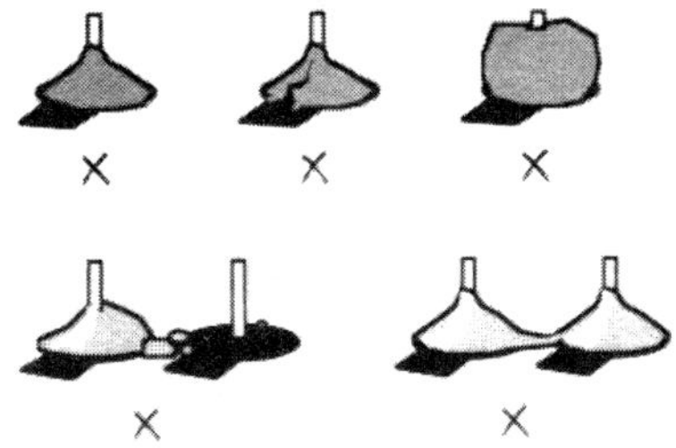

납땜이 끝나고 나면 작업 과정에서 오류가 없었는지 기판을 확인한다. 기판에 단락이 생기지 않았는지 혹은 트레이스가 깨지지 않았는지 확인한다.

✓ Examine the wiring side of the interface board. Look at places where one trace (wires on board) or pad (round circle on board) is near another; check that they do not touch. Look at long traces and near bends; check that the trace is not broken at that point.

✓ If traces or pads touch, but they should not, use the knife to cut the unwanted connection.

✎ If a trace is broken, lightly sand it on either side of the trace, then solder the broken ends together using a piece of fine wire to bridge the gap.

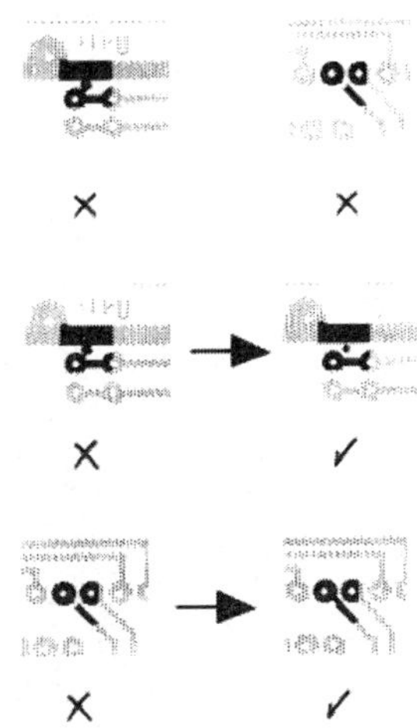

6) 인쇄 회로기판(PCB : Printed Circuit Board) 만들기

(1) 병렬포트 기판을 만드는 과정은 소켓, 발광다이오드, 커넥터를 기판에 끼워 넣고(그림 11-4) 납땜하는 것으로 구성된다.

(2) PC 병렬포트 인쇄 회로기판을 위치 표시가 되어 있는 쪽이 위로 향하게 하여 놓는다. 이 표시들은 부품을 어디에 꽂아야 하는지를 알려준다.

(3) 18핀 소켓을 U1이라고 표시된 위치에 끼워 넣는다. 이때 소켓의 위쪽 끝이 기판의 흰색 표시와 잘 맞게 해야 한다.

(4) 소켓과 기판을 잡고 뒤집어서 평평하게 되도록 놓는다.

(5) 소켓의 구석에 있는 핀 두 개를 소켓의 바깥쪽 방향으로 약간 구부린다. 핀을 구부렸을 때, 소켓이 기판 위에 고정되어야 한다. 핀을 너무 많이 구부리지 않도록 주의한다(30° 각도로 구부리면 될 것이다).

(6) 회로기판을 다시 뒤집어서 10핀 소켓과 30핀 소켓을 각각 J1, J2 위치에 꽂아 넣고 동일한 과정을 반복한다.

그림 11-4 커넥터와 소켓을 회로기판에 꽂기

(7) 인쇄 회로기판을 뒤집어서 전기 트레이스 쪽이 위로 향하게 놓는다.

(8) 납땜인두를 사용하여 커넥터를 기판에 납땜한다(그림 11-5). 이 장의 앞에서 설명한 납땜 방법을 주의 깊게 따른다.

(9) 납땜 작업을 다한 후 반드시 검사해야 한다.

그림 11-5 커넥터와 소켓 납땜하기

(10) 인쇄 회로기판(PCB)을 컴포넌트 쪽이 위로 향하게 두고 25핀 커넥터를 기판에 끼운다.

(11) 인쇄 회로기판의 납땜한 부분을 위로 향하게 놓는다.

(12) 커넥터의 핀을 기판에 납땜한다(그림 11-6).

(13) 작업을 모두 마친 후 다시 검사한다.
3장에서 다이오드의 양극성에 대하여 논의했었다. 다이오드를 기판에 반드시 올바른 방향으로 꽂아 넣어야 한다.

(14) 인쇄 회로기판 컴포넌트 쪽이 위로 향하게 놓는다.

(15) 발광다이오드를 끼워 넣을 위치를 찾는다. D1에서 D8까지 표시되어 있는 부분이다. 'D'는 '다이오드(diode)'를 뜻하는데 이는 이 부품이 빛을 발산하는 다이오드이기 때문이다. 이때 기판 위에 위치표시 되어 있는 쪽이 평평하다는 것을 주의 깊게 보아야 한다. 기판에 발광다이오드를 꽂을 때 발광다이오드의 평평한 면이 위치 표시 쪽에도 평평한 면에 오도록 해야 한다. 그림 11-7 참조한다.

그림 11-6 25핀 커넥터를 회로기판에 납땜하기

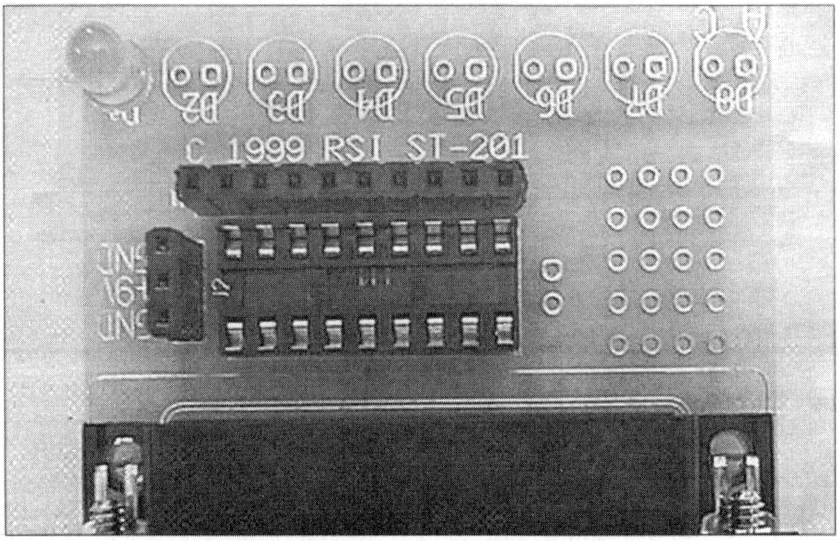

그림 11-7 회로기판에 발광다이오드 넣기

(16) 발광다이오드 하나를 끼워 넣는다.

(17) 두 선을 인쇄 회로기판에 납땜한다.

(18) 다음으로 전선 자르는 가위를 사용하여 납땜접합 부위 위로 삐져나와 있는 발광다이오드 전선을 잘라낸다.

(19) 다른 7개의 발광다이오드에 대하여 동일한 과정을 반복하여 적용한다.

(20) 인쇄 회로기판의 컴포넌트 쪽을 위로 향하게 놓는다.

(21) 18핀 소켓에 ULN3903 칩을 조심스럽게 끼워 넣는다. 핀이 휘지 않도록 주의한다(그림 11-8).

(22) 칩 핀이 소켓보다 약간 넓은 경우가 있을 수 있다. 핀이 서로 가까워지도록 구부리는 방법 중의 하나는 칩의 옆면을 아래쪽에 두고, 다른 쪽 면을 위에서 천천히 눌러서 핀을 휘게 하는 것이다(8장의 그림 8-8을 참조한다). 이렇게 하기 위해서는 약간의 연습이 필요할 것이다.

그림 11-8 집적 회로를 회로기판 소켓에 끼워 넣기

PC 병렬 인쇄 회로기판이 이제 완성되었다.

옴계기의 한쪽 끝을 10핀 헤더의 J1 표시가 되어 있는 핀 위에 대고, 다른 쪽은 나머지 8핀에 한번에 하나씩 차례대로 대본다. 옴계에 어느 정도의 저항이 나타나야 하지만, 무한대 저항이어서는 안 된다. 단락된 곳이나 트레이스가 끊어진 곳이 없는지 확인해야 한다.

(23) 9V 건전지를 사용하여 기판에 전기를 공급하기 위해서는 건전지 커넥터를 3핀 점퍼 포스트에 납땜해야 한다(그림 11-9). 검은색 선을 바깥쪽 핀에 납땜하고, 붉은색 선을 중앙에 있는 핀에 납땜한다.

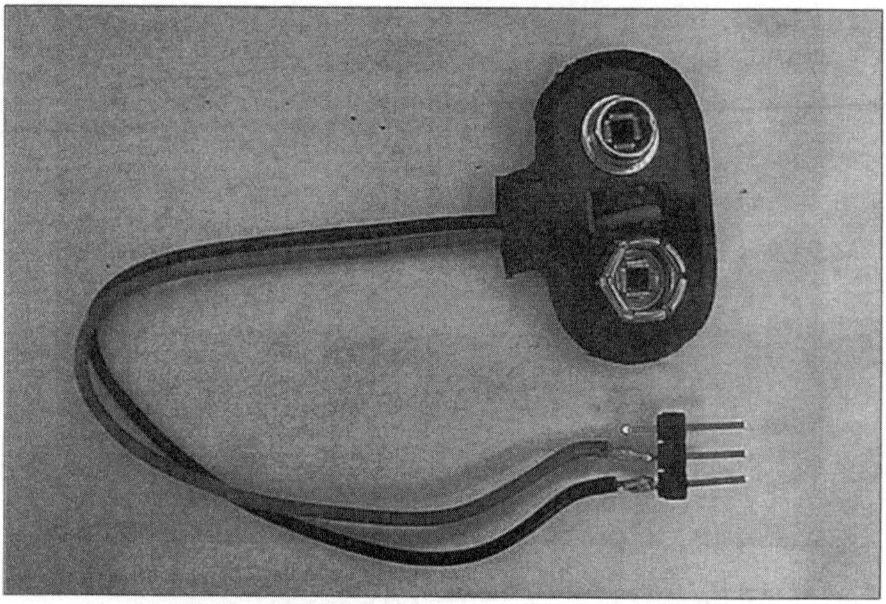

그림 11-9 건전지 커넥터를 점퍼 포스트에 납땜하기

7) 병렬포트 회로기판에 스티키토 연결하기

병렬포트 제어기판을 만들었으니 이제 스티키토 로봇을 가져다 제어 연결선을 만들어야 한다.

(1) 와이어 랩 와이어를 짧은 길이로 자른다.

(2) 중앙에 있는 스티키토 버스 막대에 와이어 랩 와이어를 납땜하여 연결하고, 3핀 점퍼의 중앙에도 연결한다. 그림 11-10 참조한다.

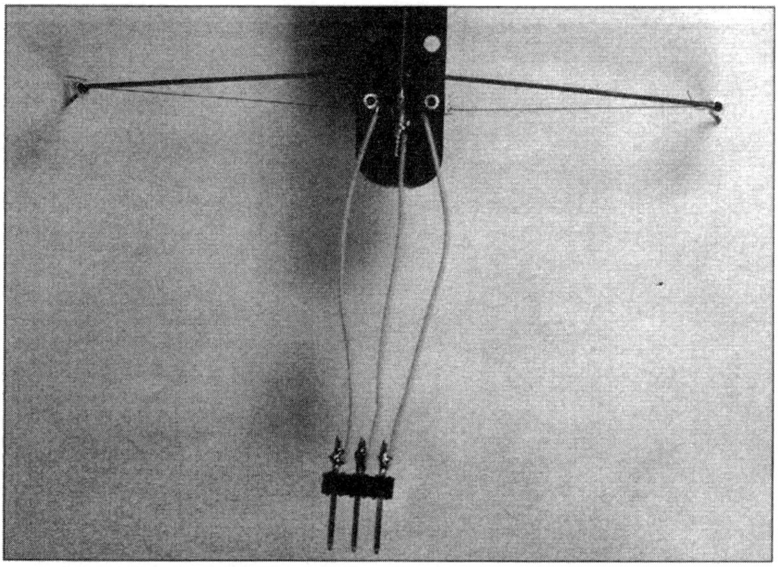

그림 11-10 커넥터를 스티키토에 연결하기

(3) 나머지 두 개의 스티키토 삼각 제어 와이어를 3핀 점퍼의 바깥쪽 두 개의 핀에 납땜하여 연결한다.

(4) 마그넷 와이어 다발의 세 와이어 양쪽 끝을 모두 사포로 닦아준다.

(5) 마그넷 와이어 다발의 한쪽 끝을 3핀 소켓에 있는 세 개의 핀에 납땜하여 연결한다.

(6) 3핀 소켓의 중앙에 연결된 와이어를 찾아서 10핀 점퍼 포스트의 첫 번째 핀에 납땜한다.

(7) 연결 와이어의 나머지 두 개 중 하나를 10핀 소켓의 다음 네 핀에 납땜하여 연결한다. 이 네 개의 핀을 연결하는 데 와이어 랩 와이어를 조금 사용한다.

(8) 마지막 한 개의 와이어를 10핀 소켓의 다음 네 핀에 납땜하여 연결한다. 이 네 핀을 연결할 때도 와이어 랩 와이어를 조금 사용한다. 점퍼에 하나의 핀이 남을 것이다.

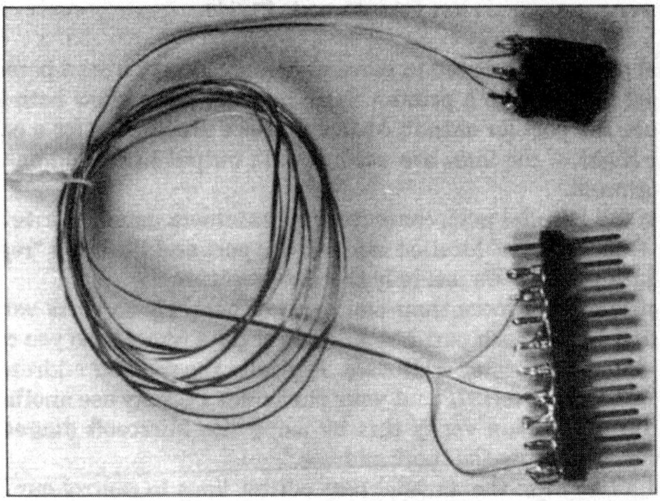

그림 11-11 연결선 납땜하기

완성된 연결선을 스티키토에 꽂고, 병렬포트 카드에는 아직 꽂지 않는다(그림 11-12). 스티키토 다리를 움직이게 하기 전에 먼저 발광다이오드를 관찰함으로써 스티키토 보행 프로그램과 기판을 시험할 것이다(이렇게 하면 프로그램 오류에 의해 발생할 수 있는 손상을 방지할 수 있다).

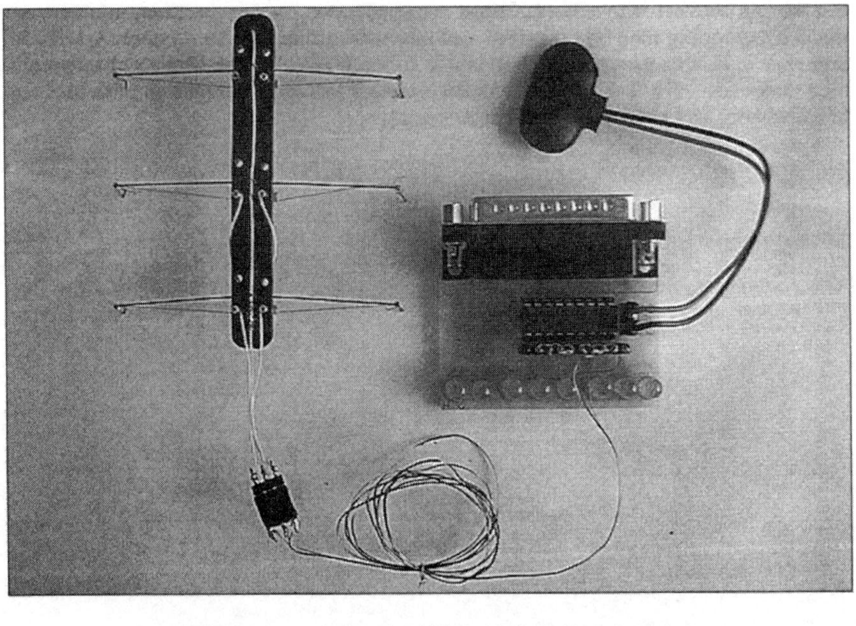

그림 11-12 스티키토가 부착된 상태의 완성된 모습

8) 개인용 컴퓨터 병렬포트

병렬포트는 개인용 컴퓨터의 출력 포트로서의 역할을 하도록 고안되었다. 프린터에 연결되도록 고안된 것이다. 어떤 병렬포트는 입력과 출력 모두를 지원하기도 한다. 여기서는 출력용 포트만 사용한다. 병렬포트에 25핀이 있지만, 여기서는 9개만 사용하게 될 것이다. 8개는 데이터 출력 용도로 사용되고, 하나는 접지용으로 사용된다.

병렬포트를 사용할 때 컴퓨터 프로그래머들은 대개 정보를 두 군데에 작성한다. 한 "리지스터" 위치는 포트를 제어하고, 다른 "리지스터" 위치는 보낼 데이터를 저장한다. 여기서는 데이터 리지스터만 사용한다.

어떤 컴퓨터에는 한 개 이상의 병렬포트가 있다. 이런 포트들은 LPT1, LPT2, LPT3라고 이름이 붙어 있을 것이다. 각 포트는 서로 다른 리지스터를 가지고 있어서 서로 다른 리지스터 주소를 사용하여 각 포트에 접근할 수 있다. 일반적으로 단일 병렬포트(혹은 LPT1)에 사용되는 리지스터 주소는 &H378이지만, 컴퓨터에 따라 &H278 혹은 &H3BC를 사용할 수도 있다. 마이크로소프트의 진단 프로그램(MSD.EXE)에서 "포트 주소"를 검색함으로써 쉽게 확인할 수 있다.

스티키토 로봇을 제어하는 데 병렬포트 출력선 8개를 모두 사용하게 될 것이다. 2진법 숫자 즉, **비트**(bit)를 사용하여 각 선을 제어하게 될 것이다. 숫자 "1"은 선에 전류를 흘려보내는 것을 의미하고 "0"은 끊는 것을 의미한다. 병렬포트에 어떤 명령을 작성하기 위해서는 병렬포트의 데이터 리지스터에 8비트의 데이터를 보낸다. 이를테면, 리지스터의 위쪽 4비트에 "1"이라는 신호를, 아래쪽 4비트에는 "0"이라는 신호를 작성하기 위해서는 "11110000"라는 8비트를 포트로 보내면 된다. 이 명령어는 QBASIC 프로그래밍 언어를 사용하면 OUT &H378, data라고 작성될 수 있는데 여기서 data는 "11110000"과 같은 비트 신호를 가리킨다. 8개의 비트를 묶어서 **바이트**(byte)라고 부른다.

QBASIC 프로그래밍 언어에서는 "11110000"과 같은 비트 신호가 데이터로 인식될 수 없다. 그러나 **십육진법**으로 변환되어 사용될 수는 있다. 십육진법을 사용하면 4개의 비트가 하나로 묶어서 숫자 0에서 9와 알파벳 A에서 F까지로 변환되어 숫자가 사용된다. 4개의 비트를 이렇게 묶는 것을 니블(nibble)이라고 부른다. 당연히, 두 개의 니블이 하나의 바이트가 된다. 표 11-1은 하나의 니블을 비트와 십육진법 그리고 그에 해당하는 십진법 숫자로 바꾼 것을 보여준다.

표 11-1 십육진법 숫자

비트 유형(니블)	십육진법	십진법
0000	0	0
0001	1	1
0010	2	2
0011	3	3
0100	4	4
0101	5	5
0110	6	6
0111	7	7
1000	8	8
1001	9	9
1010	A	10
1011	B	11
1100	C	12
1101	D	13
1110	E	14
1111	F	15

스티키토를 제어하는 활용에서는 "0000"(0)과 "1111"(F)의 니블만이 사용될 것이다. 십육진법의 값을 정하기 위해서는 숫자 앞에 &H를 놓는다. 위에 예시되었던 명령어는 이제 OUT &H378, &HF0로 작성된다.

9) 스티키토 보행 프로그램 작성하기

절지동물의 움직임은 매우 복잡하여 그동안 많은 연구가 있어 왔다. 곤충의 다리 구조도 매우 복잡하다. 그런데, 스티키토가 단순하기는 하지만 절지동물 움직임의 근본적인 특성을 작은 프로그램을 사용하여 나타낼 수 있다. 나중에 원한다면, 신경망(neural network)이나 central pattern generator와 strain gauge 혹은, 실제 곤충의 감각 루프(sensorimotor loop)를 흉내 내는 다른 센서들에서 얻은 피드백에 근거하여 좀더 사실적인 보행 제어기 모델을 개발할 수도 있다.

곤충의 보행은 **metachronal wave**에서 **삼각보행**, 그리고 그 사이에 해당하는 다양한 변형을 생성하는 central pattern generator에 기인하는 것으로 믿어진다. 각 보행은 곤충의 균형을 유지하면서 에너지를 보관한다. 그림 11-13에 나타난 일련의 동작이 나타내듯이 곤충은 최소한 세 다리, 혹은 더 많은 다리를 땅에 항상 딛고 있는 안정된 상태에 있다.

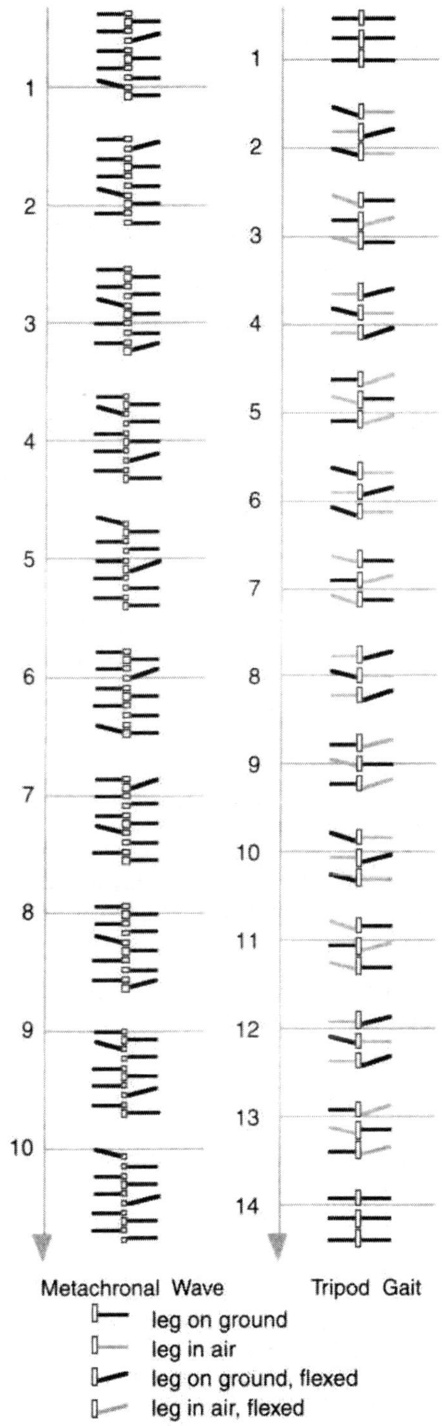

그림 11-13 곤충의 보행 알고리즘

metachronal wave는 가장 느리면서 가장 안정된 형태의 보행 방법이다. 다리 움직임의 "물결"이 곤충이나 절지동물의 양옆을 흘러가는 모습에서 발견될 수 있다. 그림 11-13에 나타난 일련의 움직임은 다리가 10개인 곤충 로봇의 양옆을 두 개의 "물결"이 흘러 내려가는 모습을 보여주고 있다.

삼각보행은 가장 빠르면서 안정된 보행으로써, 그림 11-13에서 보는 바와 같이 곤충 한쪽 옆의 두 다리가 사용되고 다른 쪽의 한 다리가 동시에 사용되어서 번갈아 가면서 땅위에서 혹은 허공에서 보행을 하는 형태이다. 여기에 나타난 삼각보행에 사용되는 다리는 스티키토II와 같이 2° 정도의 움직임을 허용한다. 이 책에서 조립된 스티키토는 단지 1°의 움직임만을 허용한다.

여기서는 스티키토에 보다 더 단순한 형태의 삼각보행을 적용할 것이다. 6장에서 사용된 수동제어 방식과 같은 방법으로 스티키토가 땅 위에 있는 동안에만 다리를 접거나 펴는 방식을 사용할 것이다.

QBASIC을 사용하여 보행을 제어할 때, 다리를 활성화하고 다시 활성을 해제하기 위해서는 OUT 명령어를 사용해야 한다. 활성화 신호를 약 1초 동안 유지하고 다시 활성 해제하는 신호를 1초 동안 유지하기 위해서는 프로그램에 딜레이(delay)를 추가해야 한다. 한 번의 삼각보행을 실행시키기 위해서는 다음과 같은 프로그램 명령문이 필요하다.

```
REM Program to make Stiquito walk with a tripod gait. This assumes
REM that the upper nibble controls one tripod, and the lower nibble
REM controls the other. We allow the nitinol to rest after it is
REM activated.
   REM "OUT &H378" sends an 8-bit value to the printer port. The
   REM data sent is hexadecimal.

   DELAY = 14000
 10 OUT &H378, &HF0 : REM &HF0 is binary 11110000
   FOR x = 1 TO DELAY : NEXT x

   OUT &H378, 0
   FOR x = 1 TO DELAY : NEXT x

   OUT &H378, &HF : REM &HF0 is binary 11110000
   FOR x = 1 TO DELAY : NEXT x

   OUT &H378, 0
   FOR x = 1 TO DELAY : NEXT x

   REM If a key on the keyboard was pressed, then end.
   REM Otherwise, walk some more!
   a$ =INKEY$
   IF a$ = "" THEN GOTO 10
   END
```

여기서 숫자 14000은 컴퓨터에 따라 다르게 나타나는 자의적인 숫자이다. 사용하는 컴퓨터가 만약 80486 머신(66 MHz) 보다 더 빠르다면 이 숫자를 더 높게 잡아야 한다.

10) 제어 신호를 펄스화함으로써 전기 절약하기

니티놀 작동자를 움직이는 데 있어서 일단 니티놀이 수축한 후에는 동일한 양의 전류를 사용하는 것이 필요치 않다. 니티놀의 수축을 유지하는 데 꼭 필요한 만큼의 전류만 있으면 되는데, 그것은 방출되는 열을 대신할 정도이면 충분하다. 니티놀에 제공되는 전류와 전압은 동적으로 변환될 수 없지만, 전원은 **펄스 주파수 변조(PFM)**라고 불리는 기술을 사용하여 조절될 수 있다.

펄스 주파수 변조는 펄스의 수(주파수)가 시간에 따라 변화하는 것을 의미한다. BASIC 프로그램이 ULN280 드라이버 칩을 켰다 껐다 할 수 있는 속도에 비하여 니티놀이 천천히 반응하기 때문에 PC 병렬 프린터 포트와 인터페이스 카드는 PFM 신호를 생성할 수 있다. 드라이버 칩이 꺼져 있는 시간을 조절함으로써 펄스의 주파수를 늘리거나 줄일 수 있다. 이렇게 하면, 로봇을 작동시키는 데 사용되는 전원을 동적으로 변하게 할 수 있다. 니티놀 작동자는 전류 펄스에 의하여 생성되는 열과 와이어의 대류에 의하여 발생되는 열 손실에 대하여 반응하게 된다.

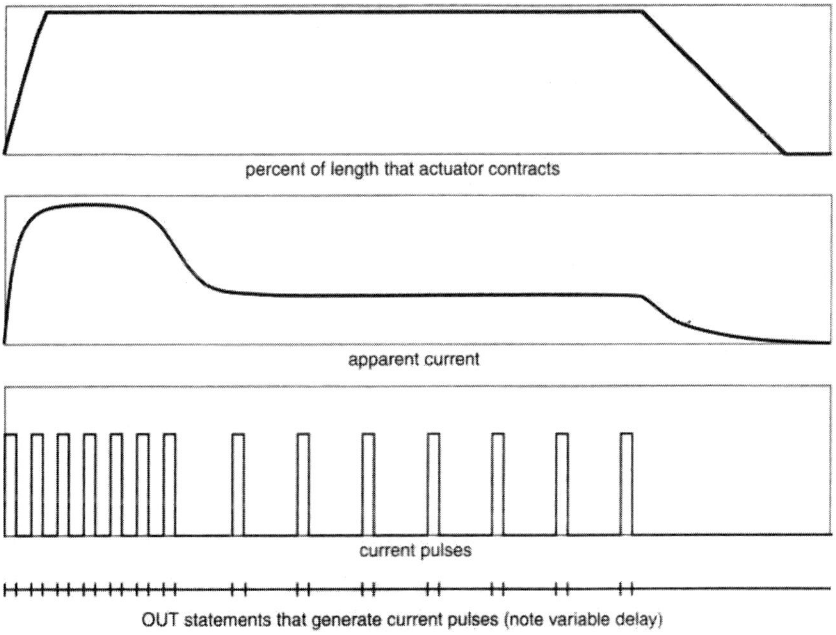

그림 11-14 펄스 주파수 변조

다음에 오는 프로그램 코드는 PFM을 사용하여 스티키토 로봇의 삼각보행 한번을 제어하는 방법을 보여준다.

```
REM High frequency pulses initially contract actuators
FOR a = 1 TO 20
  OUT &H378, &HF0                : REM &HF0 is binary 11110000
  FOR x = 1 TO 100 : NEXT x
  OUT &H378, 0
  FOR x = 1 TO 100 : NEXT x
NEXT a

REM Low frequency pulses maintain actuator contraction
FOR a = 1 TO 40
  OUT &H378, &HF0                : REM &HF0 is binary 11110000
  FOR x = 1 TO 100 : NEXT x
  OUT &H378, 0
  FOR x = 1 TO 200 : NEXT x
NEXT a
```

11) 연습문제

(1) PC 병렬포트 기판 위의 발광다이오드를 한번에 하나씩 1초 동안 빛을 발산하게 하는 프로그램을 작성하라.

(2) 스티키토 로봇을 걷게 하는 프로그램을 다른 언어(C, C++, Assembly, Java와 같은 언어)를 사용하여 작성하라.

(3) 스티키토를 가능한 한 빠르게 걷게 하기 위해서 활성 시간과 휴지 시간을 자유롭게 변화시키고 싶을 때가 있다. 이는 프로그램 코드에서 딜레이의 값을 변화시키는 것을 의미한다. 또는, 위에 제시된 프로그램에 변화를 주어서 새로운 딜레이 값을 매번 입력하는 대신에 사용자가 메뉴를 사용하여 딜레이의 값을 입력할 수 있게 할 수도 있다. 스티키토 보행 프로그램을 작성하는 데, 프로그램이 실행되는 동안 키보드에서(즉, 메뉴에서) 딜레이를 입력할 수 있게 작성하라.

(4) 펄스 주파수 변조를 사용하여 스티키토를 걷게 하는 프로그램을 시작부터 끝까지 완성해 보라.

(5) (고난이도) 스티키토에 가장 이상적인 보행 방법을 만들어 보라. 반드시 하나의 다리를 제어하는 데 하나의 제어 와이어를 사용해야 한다. 이렇게 하기 위해서는 스티키토를 이 책에 제시된 방법과 다른 방법으로 만들어야 한다.

(6) (고난이도) 2°의 관용도를 갖는 스티키토를 만들어 보라. 이 스티키토에 이상적인 보행 방법을 만들어 보라. 이렇게 하기 위해서는 각 진행/후행 삼각보행과 들어 올리는 삼각보행에 하나의 제어 와이어를 사용해야 한다. 이는 곧 스티키토를 이 책에 제시된 방법과 다른 방법으로 만들어야 함을 의미한다.

12) 참고문헌

(1) Mims, F.M. 1988. *Engineer's mini-notebook: Schematic symbols, device packages, design and testing*. Fort Worth, Texas: Radio Shack.

(2) Conrad, J.M., and J.W.Mills. 1997. *Stiquito: Advanced experiments with a simple and inexpensive robot*. Los Alamitos, Calif.: IEEE Computer Society Press.

12 스티키토 독립보행을 위한 간단한 회로 구현

Practice of Baisic Mechatronics

스티키토 로봇 위에 얹어 로봇의 삼각보행을 제어하는 회로기판를 만들 수 있다. 이 회로는 정기적인 주기로 니티놀에 전류를 흘려보내게 되는데, 이 주기는 조정될 수 있다. 이렇게 하면 스티키토를 독립된 로봇이 되게 한다. 이 제어기를 만드는 데 필요한 재료를 담은 재료 상자는 부록 B에 나열된 공급자에게서 구입할 수 있다.

이 카드는 이미 만들어지고 시험된 스티키토에 사용된다. 수동제어기는 로봇에 사용되지 않는다.

1) 개관 –회로가 하는 일

그림 12-1의 배선 구조도에 의해 묘사되고 있는 제어기 회로는 한꺼번에 세 개의 니티놀 작동자를 교대로 수축시킬 수 있는 정도의 전류를 생성한다. 널리 사용되고 있는 타이머 회로를 채용하여 다리를 수축시키는 펄스를 생성한다. 회로에서 중요한 부분 두 가지가 있는데 다음과 같다.

(1) 작동자 컴포넌트(사용자 피드백과 작동을 위한 발광다이오드, 트랜지스터, 그리고 니티놀)

(2) 펄스 컴포넌트(니티놀 다리에 펄스를 생성하는 데 쓰이는 555 타이머, 축전기, 전위차계, 그리고 저항기)

전위차계는 보행을 정밀하게 제어하여 가장 이상적인 속도로 움직이게 만든다.

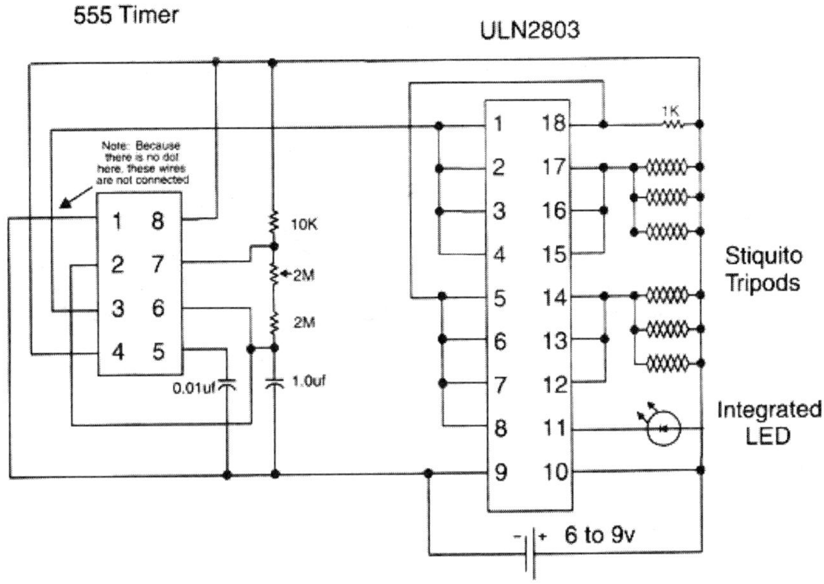

그림 12-1 아날로그제어기 회로를 위한 전기 배선 구조

2) 555 타이머 회로

555 타이머는 타이밍 회로의 한 종류로서, 이미 알려진 주기적인 펄스를 생성하는 데 사용된다. 축전기 한 개와 두 개의 외부 저항기를 추가하면, 555 타이머는 어떤 외부의 트리거 펄스 없이도 필요한 펄스를 생성하도록 구성될 수 있다. 이러한 *무정위 다중 바이브레이터(astable multivibrator)*의 한 가지 예가 그림 12-1에 나타나 있고 이것이 이 장에서 사용될 것이다.

555 타이머 내부의 회로는 6번 핀과 7번 핀에서 감지되는 전압에 근거하여 작동한다. t=0 이라는 시간에 3번 핀의 출력이 높고(공급 전압=Vcc) 6번 핀은 낮다고(접지 전압) 가정하자. 그림 12-1에 나타난 외부 회로는 1.0μf 축전기를 충전한다. 6번 핀의 전압이 2/3×Vcc에 이르게 되면, 3번 핀의 출력 전압은 0V로 바뀌고 555 타이머 내부 회로는 1.0μf 축전기를 방전하기 시작한다. 6번 핀의 전압이 1/3×Vcc에 이르면, 순환주기가 처음부터 다시 시작하게 된다. 이 회로가 주기에 따라 안정되게 작동되는 모습이 그림 12-2에 그려졌다.

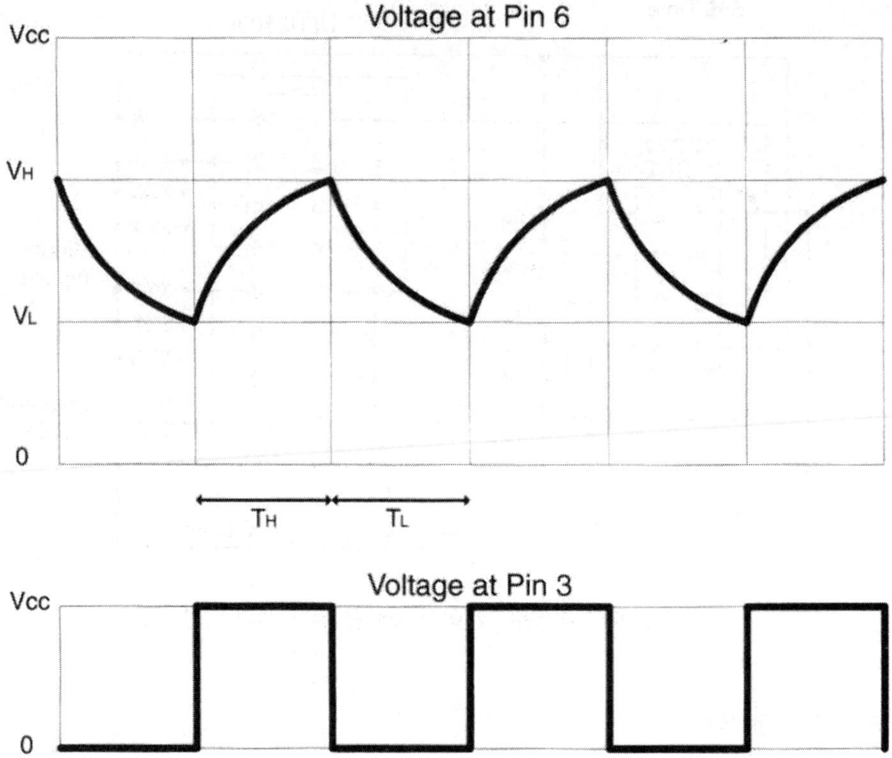

그림 12-2 무정위 다중 바이브레이터 즉, 555 타이머 회로의 주기 모양

3번 핀의 출력이 높을 때와 낮을 때의 시간은 3장에서 사용된 것과 비슷한 공식을 사용하여 구할 수 있다. 다음과 같이 용어들을 정의한다.

T_L = 펄스에서 0V 부분의 시간(3번 핀에서 전압이 낮을 때)

T_H = 펄스에서 VccV 부분의 시간(3번 핀에서 전압이 높을 때)

P1 = 전위차계의 Ω 값(0.5mΩ을 상정한다.)

R1 = R1 리지스터의 Ω 값(2.0mΩ)

R2 = R2 리지스터의 Ω 값(10kΩ = 0.01mΩ)

C1 = 6번 핀에 연결된 축전기의 마이크로 패럿 값(1.0μf)

ln2 = 2의 자연 로그 = 0.693

공식은 다음과 같다.

$$
\begin{aligned}
T_L &= (P1 + R1) \times C1 \times \ln 2 \\
&= (0.5 + 2.0\text{Mohm}) \times 1.0\mu f \times 0.693 \\
&= 1.733\text{seconds}
\end{aligned}
$$

$$
\begin{aligned}
T_H &= (P1 + R1 + R2) \times C1 \times \ln 2 \\
&= (0.5 + 2.0 + 0.01\text{Mohm}) \times 1.0\mu f \times 0.693 \\
&= 1.739\text{seconds}
\end{aligned}
$$

이 방정식을 통하여, $R1 \gg R2$이면 TL이 TH에 가까워진다는 것을 알 수 있다.

3) 추가되는 도구와 규칙들

전기 컴포넌트를 카드에 납땜해야 하므로 인터페이스를 만들 때 도구가 추가로 필요하다. **꼭 필요한** 도구는 다음과 같다.

- 집게(needle-nose pliers)
- 와이어 절단기
- 작은 칼(X-Acto™ 형)
- 납땜인두
- 땜납
- 전압-옴계
- 320-그릿 가는 사포
- 전기테이프

로봇을 작동시키기 위해서는 9V 건전지를 구입해야 할 것이다.

11장에서 사용된 표시를 여기서도 사용할 것이다.

Cue	Meaning
✓	**Do** take the action indicated. No particular precision is required.
×	**Don't** do this! It is a mistake.
	**Solder the part** at the point or points indicated.
	**Some variation is allowed.** The dimensions are not critical. Stay within 1 or 2 mm of the specified measurement.
	**A loose or sloppy fit is OK.** Your interface will work fine if the fit is not tight.

Precautions

Let's review the cautions mentioned in Chapter 7.

✓ Soldering irons get **very hot.**

× Do **not** touch exposed metal on a hot soldering iron. Hold it by the insulated handle.

× Do **not** lay a hot soldering iron on the work surface or flammable material.

✓ Use a soldering iron holder or lay a piece of wood under but not touching the tip to protect your work surface.

× Although the integrated circuits used in the interface are not particularly static sensitive, do **not** handle them by the pins.

✓ In winter and dry weather, touch a large metal object (table, door frame) to discharge any static electricity before handling integrated circuits.

✓ ALWAYS wear safety glasses when performing this work.

Now let's build the interface card and use it to control your robot.

4) 부품 확인하기

모든 부품이 갖추어져 있는지 확인한다. 그림 12-3에 있는 그림을 보면서 부품이 모두 올바른지 맞춰 본다. 저항기에 나타나는 값을 읽는 법에 대한 힌트는 3장을 참조한다.

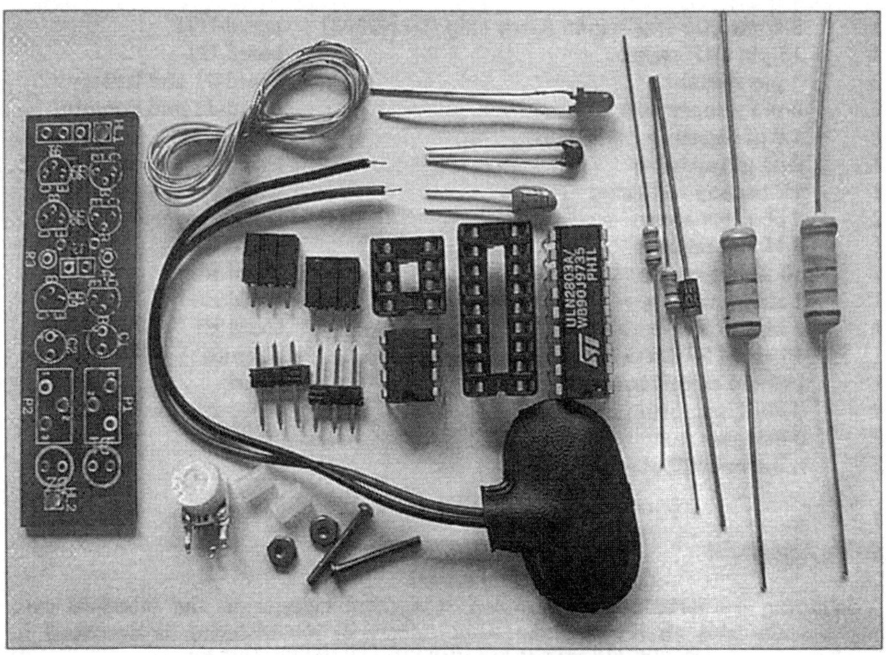

그림 12-3 아날로그제어기를 만드는 데 필요한 부품들

양	이름	사용되는 곳 혹은 기판 위에서의 위치
1	집적저항 램프(발광다이오드)	기판의 D1
1	다이오드	기판의 D2
1	555 타이머	기판의 U1a
1	8핀 DIP 소켓	기판의 U1
1	8-트랜지스터 Darlington Array 칩(ULN2803)	기판의 U2a
1	18핀 DIP 소켓	기판의 U2
2	3핀 소켓	기판의 J1과 연결선
2	3핀 점퍼 포스트	기판의 J2와 스티키토
1	1.0µf 축전기	기판의 C1
1	0.01µf 축전기	기판의 C2
1	9V 건전지 커넥터	건전지
2	2Ω 저항기	시험 컴포넌트
1	2mΩ 저항기	기판의 R1
1	10kΩ저항기	기판의 R2
1	1kΩ 저항기	기판의 R3
1	2mΩ 전위차계	기판의 P1
1	10cm 길이의 28AWG 와이어 랩 와이어	스티키토
1	인쇄 회로기판 (콤포넌트 쪽) ST-202	기판
2	0-80-3/4인치 놋쇠 나사	기판의 HL1 & HL2
2	0-80 놋쇠 너트	-
2	1/2인치 플라스틱 격리애자	-

5) 납땜 기술

납땜은 부품과 집적 회로를 인터페이스 카드에 물리적으로 그리고 전기적으로 연결해 준다. 납땜을 하는 기본 기술은 11장에 소개되어 있다.

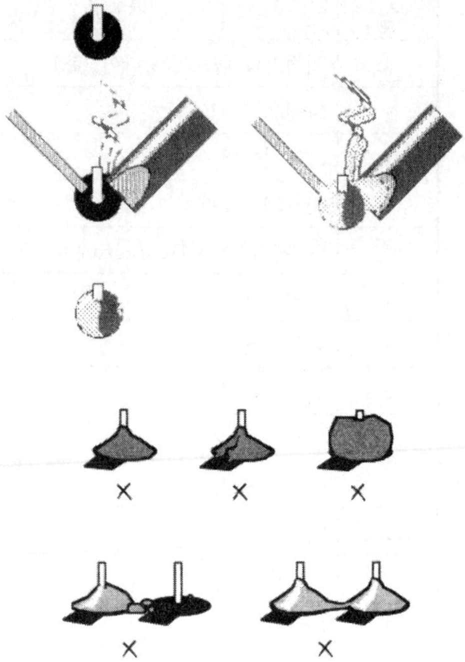

✓ Use the soldering iron's tip to heat the **pad,** not the integrated circuit pin. When the pad is hot, touch the solder to the heated pad, and the solder will flow onto the pad and the pin.

✓ Use just enough solder to wet the pin and cover the pad.

✓ Each solder joint should be bright, shiny, and have flowed evenly around the pin on the pad. The solder on adjacent pads must not touch.

× A solder joint should **not** be dull, cracked, or beaded up on the pad.

× A solder joint must **not** cross between two pads, or a pad and a trace. This will create a short circuit. Your interface card will almost certainly **not work correctly.**

납땜이 끝나고 나면 작업 과정에서 오류가 없었는지 기판을 확인한다. 기판에 단락이 생기지 않았는지 혹은 트레이스가 깨지지 않았는지 확인한다.

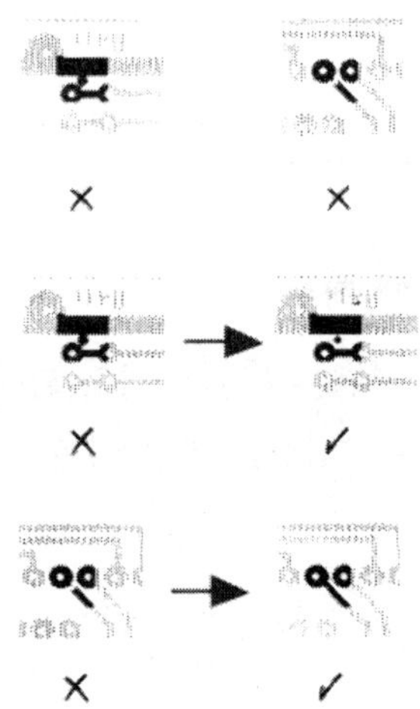

✓ Examine the wiring side of the interface board. Look at places where one trace or pad is near another; check that they do not touch. Look at long traces and near bends; check that the trace is not broken at that point.

✓ If traces or pads touch, but they should not, use the knife to cut the unwanted connection.

✎ If a trace is broken, lightly sand it on either side of the trace, then solder the broken ends together using a piece of fine wire to bridge the gap.

6) 회로기판 만들기

손으로 컴포넌트를 꽂아야 할 때, 컴포넌트의 밑선과 "숫자"가 기판 위에 흰색으로 인쇄되어 있다. 회로기판을 검사한다. 어떤 글자와 숫자가 원과 직사각형 주위에 인쇄되어 있는 것을 볼 수 있을 것이다. 이런 숫자와 모양은 특정한 컴포넌트와 컴포넌트의 방향을 표시해 준다. 이를 테면, D1이 어떤 원 옆에 표시되어 있는 것을 볼 수 있다. 이는 다이오드 1 즉, 집적 저항 램프(발광다이오드)가 기판에 있는 이 구멍에 끼워져야 한다는 것을 의미한다.

(1) 어떤 컴포넌트는 특정한 방향이 정해져 있어서 제대로 꽂지 않으면 작동하지 않을 것이다.

(2) 저항기를(R1에서 R3까지) 컴포넌트 쪽에 끼운다. 반드시 올바른 장소에 올바른 값의 저항을 꽂아야 한다(3장에서의 저항값에 대한 설명을 기억해 본다).

(3) 축전기(C1과 C2)를 기판의 (+) 표시와 축전기의 (+) 표시를 맞추어 컴포넌트 쪽에서 끼운다.

(4) 발광다이오드(D1)를 다이오드의 평평한 면과 기판 선의 평평한 면과 맞닿게 하여 컴포넌트 쪽에서 끼운다(3장에서의 양극성에 대한 설명을 기억하라).

(5) 다이오드(D2)를 다이오드의 끝과 실크 스크리닝 위의 막대에 맞추어 컴포넌트 쪽에서 끼운다. 그림 12-4를 참조한다.

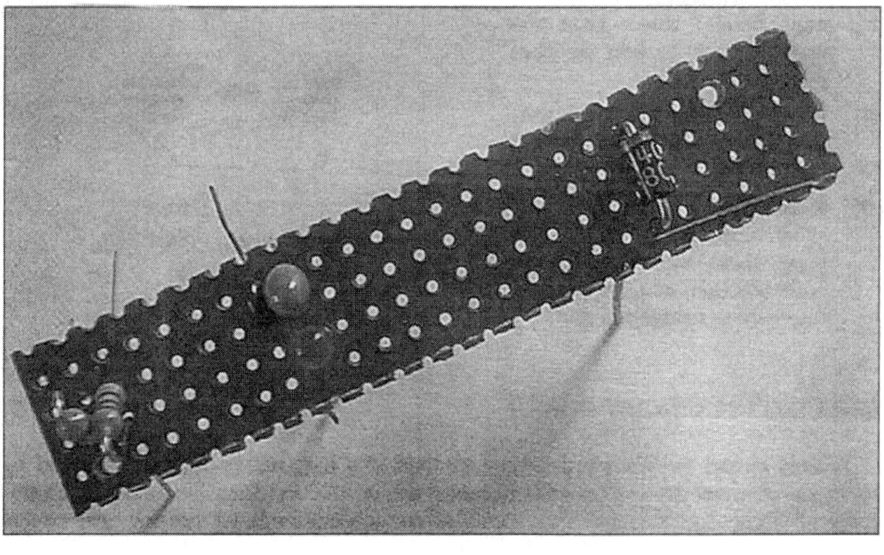

그림 12-4 저항기, 축전기, 다이오드를 회로기판에 꽂기

(6) 기판을 뒤집어서 컴포넌트 선(와이어)을 약간 바깥쪽으로 구부려서 컴포넌트가 구멍에서 떨어지지 않게 한다.

(7) 선을 회로기판에 납땜한다(그림 12-5).

(8) 와이어를 가능한 한 납땜 접합 부위 가까이에서 잘라낸다.

(9) 작업을 검사한다.

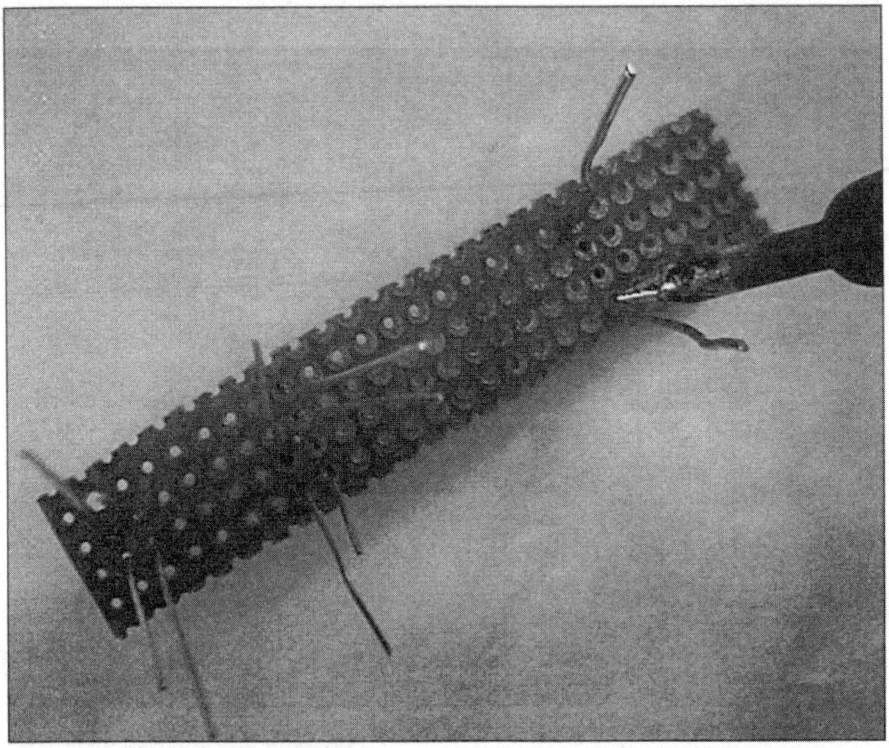

그림 12-5 회로기판에 컴포넌트 납땜하기

(10) 18핀 소켓(U1)과 8핀 소켓(U2)를 컴포넌트 쪽에서 끼운다. 반드시 소켓의 위쪽 끝이 기판 위의 선에 맞게 해야 한다. 그림 12-6 참조한다.

(11) 소켓(J1)과 핀 점퍼(J2)를 컴포넌트 쪽에서 끼운다.

(12) 전위차계(P1)를 컴포넌트 쪽에서 끼운다.

(13) 기판을 뒤집어서 납땜하고, 작업을 검사한다.

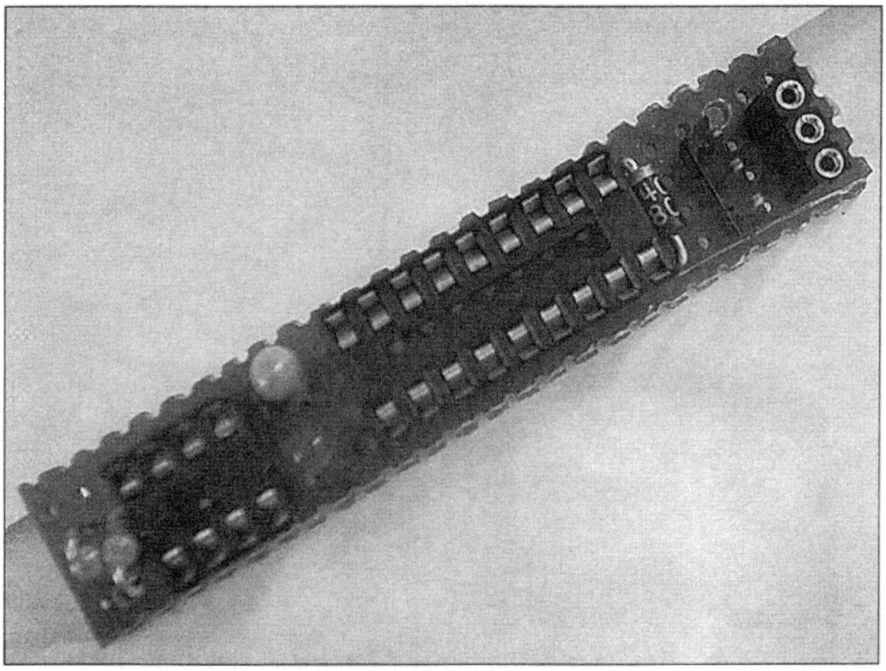

그림 12-6 회로 기판에 커넥터와 소켓 끼워 넣기

(14) 9V 건전지 터미널을 세 구멍 소켓의 핀에 납땜한다.

(15) 와이어를 짧은 길이로 자른다.

(16) 자른 와이어를 스티키토 버스 막대에 납땜하고, 3핀 점퍼의 중앙 핀에도 납땜한다.

(17) 나머지 두 개의 스티키토 삼각보행 제어 와이어를 3핀 점퍼의 바깥쪽 핀 두 개에 납땜하여 연결한다. 그림 12-7을 참조한다.

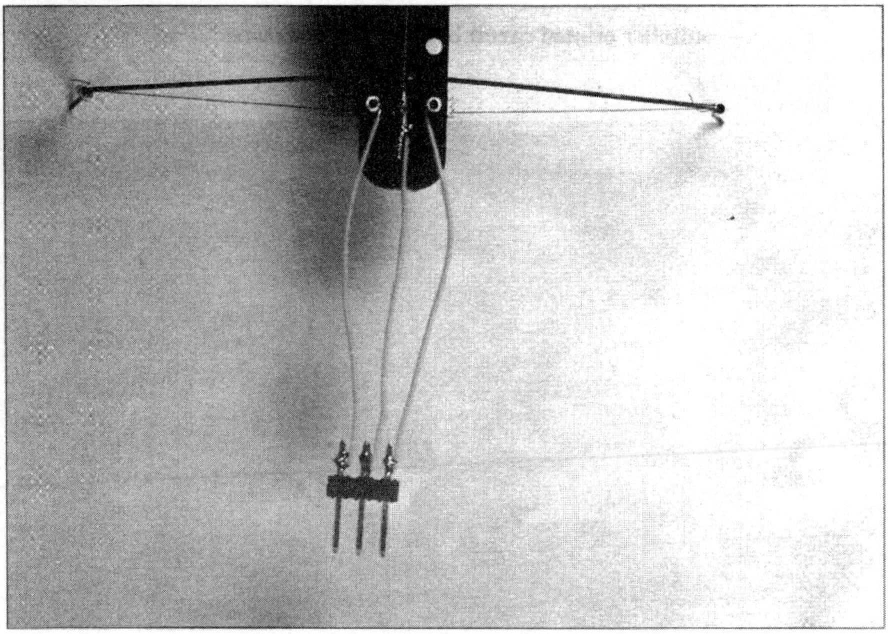

그림 12-7 건전지 커넥터와 스티키토 커넥터 준비하기

(18) PCB를 컴포넌트 쪽이 위로 향하게 놓는다.

(19) ULN3903 칩을 18핀 소켓에 조심스럽게 끼운다. 555 칩을 8핀 소켓에 끼워 넣는다. 핀이 휘지 않도록 주의한다. 칩의 선과 소켓의 선이 일치해야 한다.

(20) 칩 핀이 소켓보다 약간 더 넓은 경우가 있을 수 있다. 핀이 서로 가까워지도록 구부리는 방법 중의 하나는 칩의 옆면을 아래쪽에 두고, 다른 쪽 면을 위에서 천천히 눌러서 핀을 휘게 하는 것이다. 이렇게 하기 위해서는 약간의 연습이 필요할 것이다. 그림 12-8을 참조한다.

이로써 아날로그제어기 인쇄 회로기판이 완성되었다.

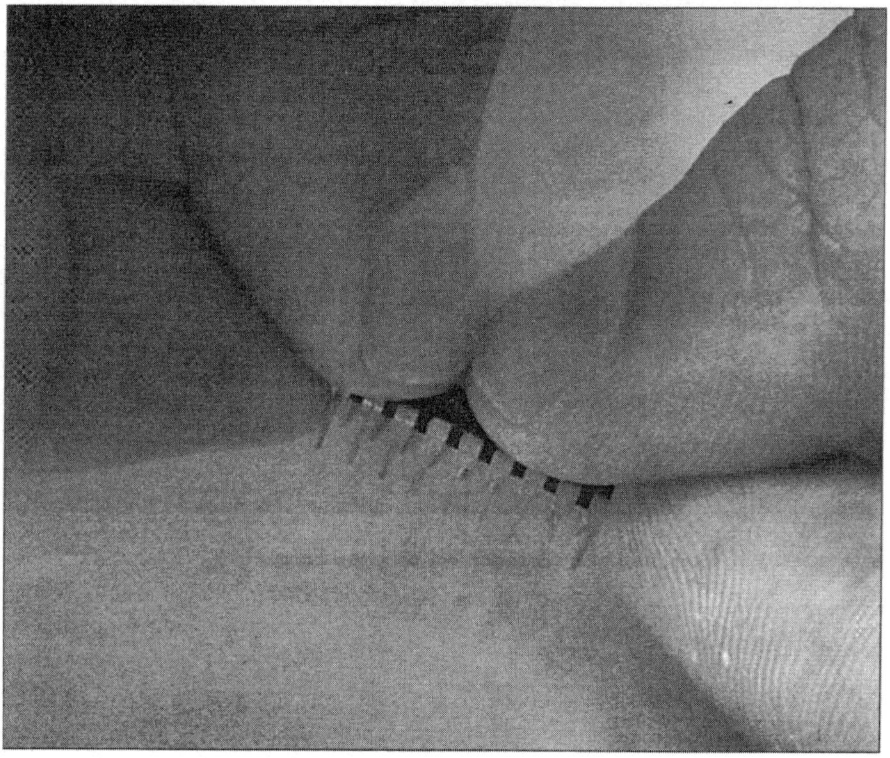

그림 12-8 집적 회로를 회로기판 소켓에 끼워 넣기

7) 회로기판 시험하기

(1) 로봇에 회로기판을 얹기 전에 니티놀 와이어의 동작을 시뮬레이션으로 시험한다. 니티놀 대신에 두 개의 큰 저항기를 임시로 부착하고 기판을 건전지에 건다. 그림 12-9를 참조한다.

(2) 2와트 저항기 두 개의 한쪽 끝을 서로 납땜하여 연결한다. 이때 납땜한 선이 3핀 점퍼에 잘 맞게 되어야 한다.

(3) 저항기를 구멍 세 개짜리 소켓의 구멍에 끼워 넣는다. 이때 납땜한 쪽의 선이 중앙에 있는 구멍에 끼워져야 한다.

(4) 회로기판에 전원을 넣는다. 연기가 나는지 주의 깊게 살펴보고, 회로에서 타는 냄새가 나지 않는지 주의한다. 만약에 연기가 나거나 타는 냄새가 나면, 전원을 즉시 차단하고 회로를 수리한다.

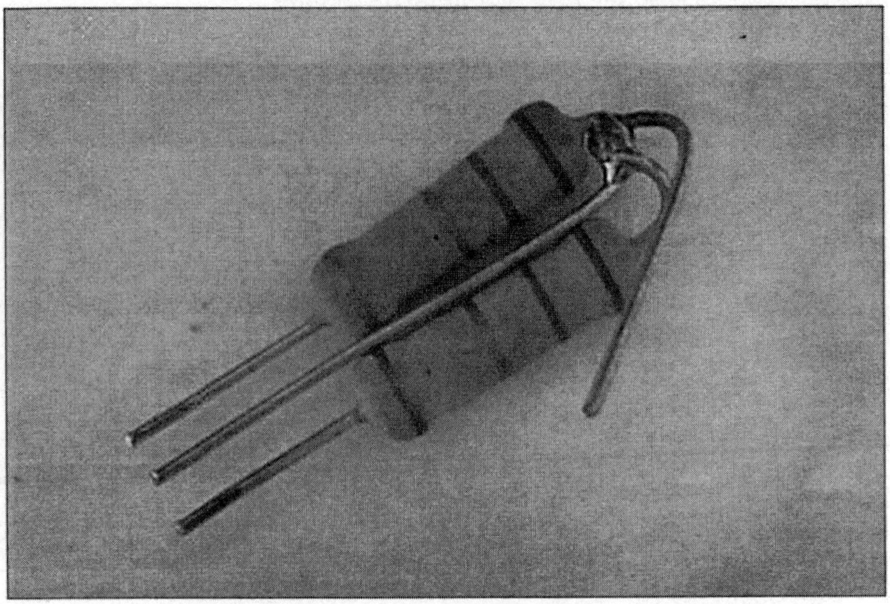

그림 12-9 시뮬레이션을 이용하여 회로기판 시험하기

로봇을 정밀하게 작동하게 하기 위해서 전위차계를 조정하여 빛이 1과 1/2초 동안 반짝이고 다시 1과 1/2초 동안 쉬게 한다. 로봇 와이어를 회로에 걸 때 이 과정을 다시 반복해야 할 것이다.

회로기판이 올바르게 작동하는 것이 확인되었으니, 이제 로봇을 세 구멍 소켓에 꽂아 넣어야 한다(그림 12-10).

- 기판에서 전원을 떼 낸다. 2W 저항기 두 개를 기판에서 제거한다.
- 나사를 기판 위의 HL1과 HL2에 끼워 넣음으로써 기판을 로봇에 부착한다. 나사 위에 격리애자를 두고 로봇 위에 있는 구멍에 나사를 끼운다. 너트를 로봇의 아래에 부착시킨다. 기판의 3핀 점퍼 끝이 로봇의 뒤쪽을 향해야 한다. 로봇과 기판 사이에 약간의 공간이 있어야 한다(납땜한 것이나 와이어가 로봇에 닿으면 안 된다).
- 기판에 전원을 넣는다. 로봇 제어 소켓을 회로 기판에 꽂는다. 연기가 나는지 주의깊게 살펴보고, 회로에서 타는 냄새가 나지 않는지 주의한다. 만약에 연기가 나거나 타는 냄새가 나면, 전원을 즉시 차단하고 회로를 수리한다.

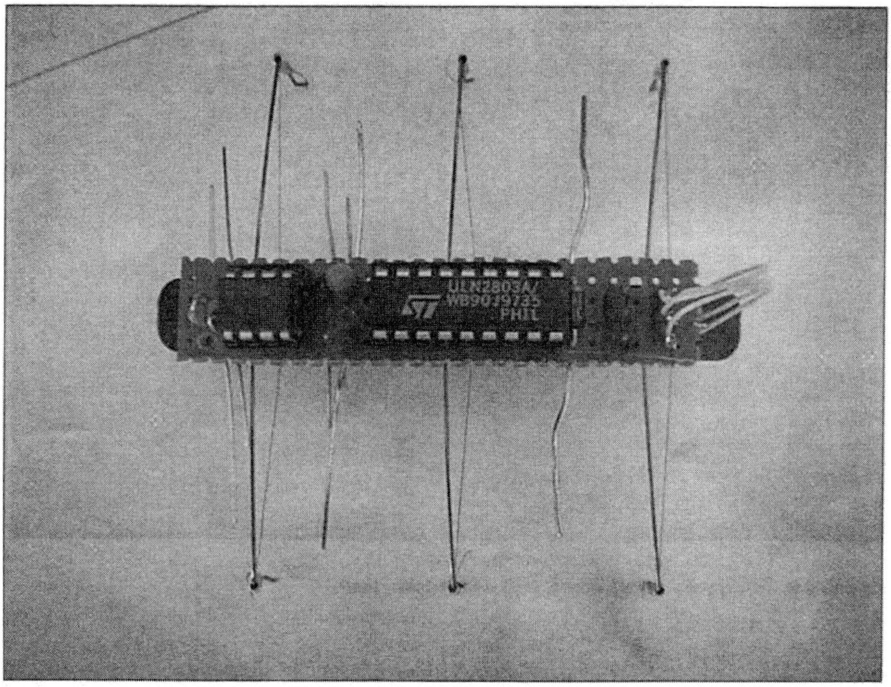

그림 12-10 완성된 제품

로봇을 정밀하게 작동하게 하기 위하여 전위차계를 조정하여 다리 작동자가 1과 1/2초 동안 수축하고 1과 1/2초 동안 쉬게 만들어야 한다.

로봇이 성공적으로 움직이면 전기 테이프를 사용하여 건선시를 회로의 위쪽에 붙인다.

8) 회로의 변형

위에 설명된 회로를 변형하여서 빛에 반응하게 만들 수 있다. 스티키토를 더 빠르게 혹은 더 느리게 걷게 하기 위해서는 2Ω 저항기에 광다이오드를 선으로 연결해 주기만 하면 된다. 앞선 버전에서는 "와이어 안테나"의 끝에 광트랜지스터를 납땜하여 붙임으로써 빛을 좇아 갈 수 있게 하였었다(그림 12-11 참조). 이 회로에 대한 자세한 사항은 첫 스티키토 책을 참조한다.

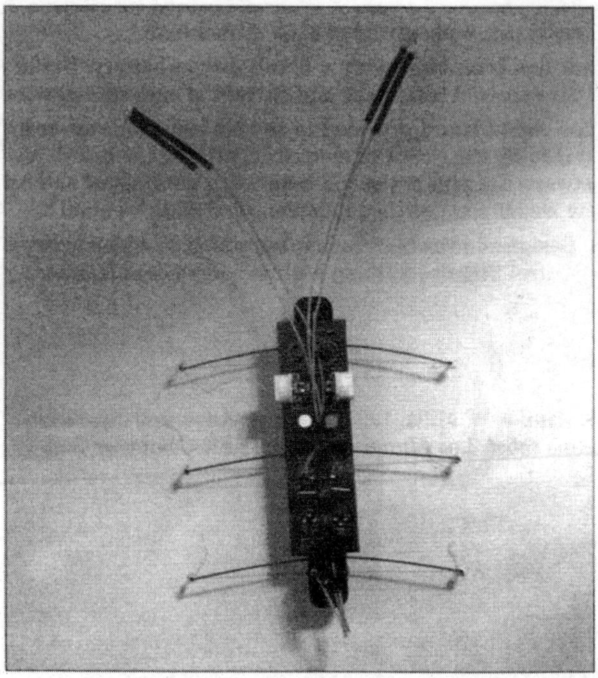

그림 12-11 빛을 찾아가는 스티키토

마지막으로 언급해야 할 것은, 여기에 소개된 드라이버 회로를 사용하여 로봇을 두 방향으로 움직이게 하는 것에 관한 것이다. 추가적인 회로를 사용하여 수평 드라이버 회로의 기능을 멈추게 하기 전에는 수직 드라이버를 연결해서는 안 된다. 그 이유는 진동(oscillator) 드라이버들이 서로 동기화(synchronize)되어 있지 않기 때문이다. 회로를 사용하여 다리의 전후 움직임과 상하 움직임이 연결되지 않으면, 다리가 앞으로 움직일 때 그것이 땅에도 닿는다는 보장이 없기 때문이다.

9) 연습문제

(1) 그림 12-1에 나타난 회로에서는 *분담주기(duty cycle)* 즉, 출력 전압이 높을 때와 낮을 때의 시간이 대략 50%(1.733/1.739)이다. 66% 분담주기를 만들기 위해서는 R2에 어떤 저항이 필요한가?

(2) 회로기판을 시험하기 위하여, 니티놀 와이어를 대신하는 2.0Ω 저항기를 사용하였다. 이것과 3장에서 소개된 $V=IR$ 공식에 기초하여 각 니티놀 와이어의 예상 저항값과 전류를 구하라.

(3) 이 회로에는 6V J형 건전지가 사용되었다. 이런 조건에서, 각 니티놀 와이어의 예상 저항과 전류를 구하라.

(4) 이 교육재료 상자에서 제공되는 인쇄 회로기판은 두 층으로 구성되어 있는 기판이다. 기판을 잘 살펴서 *트레이스* 즉, 기판 위의 전기선을 찾아보라. 저항기와 전위차계 내선을 포함하고 있는 555 타이머의 두 핀 사이를 지나가는 트레이스를 찾아보라. 이 회로에 광트랜지스터를 설치해야 한다면 어느 위치가 적당한가?

(5) (고난이도) 스티키토가 2°의 관용도를 가지고 걷도록 제어하기 위해서 여기 소개된 회로기판 두 개에 추가해야 할 회로를 고안하라.

10) 참고문헌

(1) Conrad, J.M., and J.W.Mills. 1997. *Stiquito: Advanced experiments with a simple and inexpensive robot*. Los Alamitos, Calif.: IEEE Computer Society Press.

제Ⅲ부

부 록

Practice of Baisic Mechatronics

부록 A
제어 회로의 만능기판 상의 결선도

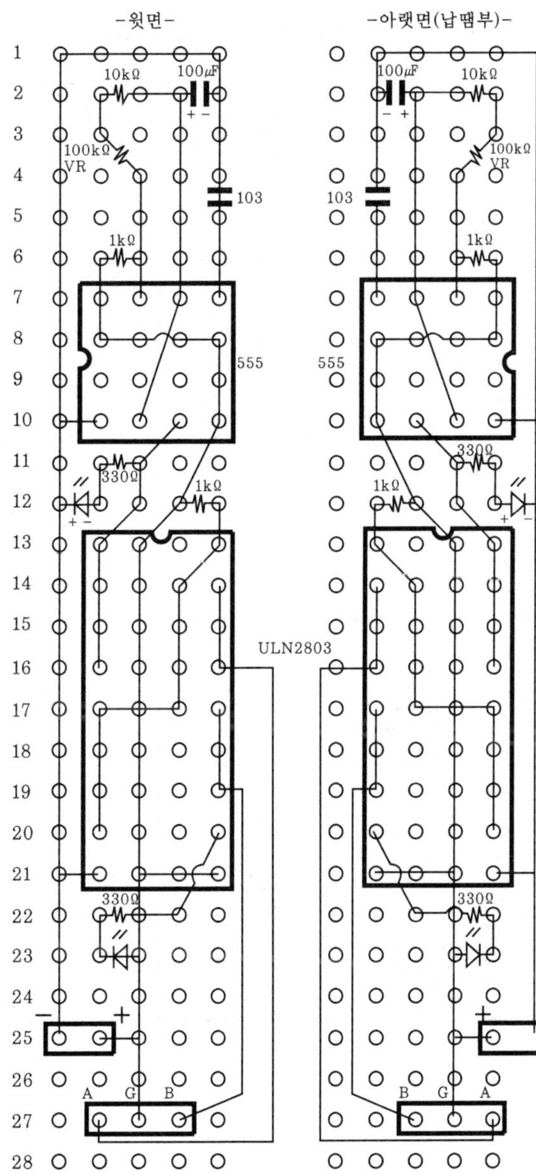

부록 B
제어 회로의 부품 리스트 예

Practice of Baisic Mechatronics

전기전자기초실습 개별 지급 재료(제어부)

한국기술교육대학교 메카트로닉스공학부					작성자 : 이 민호(018-364-9312)		
교과목명		학강실	분반수		실험실습실명(호실번호)		
전기전자기초실습		2-0-4	3		3-215(기전공학실습실 I)		
[소요재료산출내역]							
순번	재료명	규격	단위	단가	1인 수량	금액	비고
1	IC	NE555	개		1		
2	IC	ULN2803A(도시바)	개		1		
3	IC 소켓	18P	개		1		
4	IC 소켓	8P	개		1		
5	납선	상품(1mm)	M		1		
6	점프선	3색, 0.3mm	M		1		
7	라운드헤드핀	1*5이상	개		1		
8	LED	DIA3, 녹	개		1		
9	LED	DIA3, 황	개		1		
10	LED	DIA3, 적	개		1		
11	밧데리	9V, 사각,두라셀	개		1		
12	밧데리 연결 단추	9V, 똑딱단추형	조		1		
13	가변저항	GF06, 104	개		1		
14	저항	10K, 1/4W	개		2		
15	저항	1K, 1/4W	개		2		
16	저항	330, 1/4W	개		4		
17	탄탈콘덴서	100uF, 16V	개		1		
18	세라믹콘덴서	103	개		2		
19	Soldering Paste	개인, 57g이하	g		5		
20	에폭시양면기판	5×32열 이상	개		1		**6열28행에서 최적**

찾아보기

(2)

2진법 147

(5)

555 타이머 154, 155, 159, 169
555 타이머 회로 155

(A)

AC 커플링 19
Assembly 153

(C)

C 153
C++ 153
central pattern generator 148

(D)

DC 커플링 19

(J)

Java 153

(K)

KCL(Kirchhoff Current Law) 34
Kirchhoff법칙 34
KVL(Kirchhoff Voltage Law) 35

(M)

metachronal wave 148

(O)

Ohm의 법칙 32, 65

(P)

PFM 151

(Q)

QBASIC 147, 150

(S)

strain gauge 148

(T)

Thevenin 등가 회로 39

(U)

ULN280 드라이버 칩 151
ULN2803 134, 159
ULN2803 드라이버 칩 134
ULN3903 칩 143

(ㄱ)
가변저항 4, 28, 29, 30
가변저항기 30, 59
가용력 74, 80, 83
가지(branch) 34
감각 루프(sensorimotor loop) 148
경로(path) 34
고정저항 3, 4, 27, 28
광다이오드 167
광트랜지스터 167
군집 곤충 생태 87
글리치 20
꼬아잇기(splicing) 77

(ㄴ)
노턴 등가 회로 41
노턴 정리(Norton theorem) 41, 42
니블(nibble) 147
니티놀 71, 73, 84, 85, 87, 88, 90, 91, 93, 94, 95, 96, 102, 104, 105, 112, 118, 119, 121, 130, 131, 134, 151, 154, 165, 169
니티놀 와이어 73

(ㄷ)
다이오드(diode) 141, 159, 161
도체 32
동기화(synchronize) 168
듀티계수 23
디바이스 16
디지털 멀티미터 9, 10, 23, 29, 36, 43

(ㄹ)
루프(loop) 34
리액턴스 52
리지스터 147

(ㅁ)
마디(절점, node) 34
마르텐자이트 102
마일러 커패시터 5
마텐자이트 74, 77
마텐자이트 변태 73
머신 비젼 87
멀티미터 10
모멘터리 스위치(momentary Switch) 79, 81, 82, 83
무정위 다중 바이브레이터(astable multi-vibrator) 155

(ㅂ)
바이어스 73, 74, 77
바이트 147
반고정저항 4, 28
발광다이오드(LED) 134, 137, 138, 139, 141, 142, 143, 146, 153, 154, 159, 161
버스 119, 144, 163
보리스 71
보행 제어 87
부도체 77
분담주기(duty cycle) 169
비트(bit) 147
빵판(Bread Board) 25, 29

(ㅅ)
사중량 80, 83
삼각보행 117, 118, 129, 134, 148, 153, 154, 163
샤프트(shaft) 59
선형 회로 56
세라믹 커패시터 5
소켓 138, 139, 143, 145, 159, 162
숫커넥터 138
스캔 19
스콜피오 71
스트로크 74, 77
스티키 88
스티키토 71, 78, 84, 87, 88, 90, 93, 94, 95, 96, 102, 103, 117, 118, 119, 121, 128, 129, 130, 132, 133, 134, 138, 144, 146, 147, 148, 153, 154, 159, 163, 167
스티키토 II 71, 95
시상 수 50, 51
신경망(neural network) 148
실크 스크리닝 161
십육진법 147

(ㅇ)
에너지 보존법칙 35
오스테나이트 73, 75, 103
오실로스코프 12, 13, 23, 36, 43, 52, 59
와이어 랩 와이어 78
와이퍼암 59
인쇄 회로기판 134, 139, 143, 159, 165
임피던스 47, 55

(ㅈ)
작동자(actuator) 73, 74, 87, 93, 94, 95, 96, 102, 103, 104, 107, 112, 114, 115, 116, 119, 130, 131, 132, 151, 154, 167
저항기 32, 43, 64, 154, 158, 159, 161, 165, 169
전원공급기 7, 16, 36, 43
전위차계 154, 159, 162, 166, 167, 169
전해 콘덴서 5
절연체 48
점퍼 포스트 138, 145, 159
정현파 54
제어기 119
중첩의 원리 56, 59, 64, 67

(ㅊ)
축전기 154, 159, 161

(ㅋ)
커넥터 138, 139, 140, 144, 159, 164
커패시터 3, 5, 6, 48, 49, 52, 53, 54
커플링 19
컴퓨테이셔널 센서 87
크림프 91, 92, 99, 104, 105, 107, 109, 112, 114, 115, 116, 117, 122, 130, 131, 132
크림핑(crimping) 77, 91, 92, 114
키르히호프 전류/전압법칙(KCL/KVL) 34

(ㅌ)
탄탈 커패시터 5
테브낭 등가 회로 40
테브낭 정리(Thevenin theorem) 39, 40, 43
테브낭의 정리 43
트랜지스터 138, 154, 159
트레이스 23, 139, 140, 144, 160, 169
트리거 15, 16, 17, 155

(ㅍ)
파워 버스 94, 96, 103, 129, 133
파워 크림프 122, 123, 125, 127
펄스 주파수 변조(PFM) 151, 153
폐로(closed path) 34
포섭 구조(subsumption architecture) 87
포텐셔미터 59
프렉시놀 73, 74, 75, 77, 78, 80, 81, 82, 83, 84, 85, 87
프로브 15

(ㅎ)
함수발생기 22, 23
형상기억합금 87
히트싱킹 76

본 과제(결과물)는 교육과학기술부의 재원으로 한국연구재단의 지원을 받아 수행된 광역경제권 선도산업 인재양성사업의 연구결과입니다.

Following are results of a study on the "Human Resource Development Center for Economic Region Leading Industry" Project, supported by the Ministry of Education, Science & Tehnology(MEST) and the National Research Foundation of Korea(NRF).

정가 10,000원

메카트로닉스 기초실습

2011년 8월 12일 초판 인쇄

2011년 8월 22일 초판 발행

저 자 : 강 기 호

발행자 : 우 명 찬 · 송 준

발행처 : 홍릉과학출판사

주 소 : ㊄ 142-885 서울시 강북구 인수동 455-60

등 록 : 1976년 10월 21일 제5-66호

전 화 : 999-2274~5, 903-7037

팩 스 : 905-6729

ISBN : 978-89-7283-947-7

hongpub@hongpub.co.kr

www.hongpub.co.kr

저자와의 협의하에 인지생략